电气工程 安装调试 运行维护 实用技术技能丛书

电气工程常用装置及开关控制柜制作加工技术

第2版

白玉岷 等编著

机械工业出版社

本书以工程实例及制作加工技术实践经验为主，并从理论基础出发，详细讲述了电气工程及自动化工程中常用金属构件、装置、控制柜、开关柜等的制作加工技术技能、工艺方法、程序要点、规程要求、质量监督以及安全注意事项，是从事电气工程实用技术人员及金属构件、开关/控制柜制作加工工作人员的必读物。本书主要内容有电气工程金属构件、装置、开关/控制柜制作加工总则，一般金属构件的制作，电动机起动控制柜的制作，新型电气控制柜的制作，低压开关柜的制作，自动化仪表控制柜的制作，高压开关柜的制作，微机控制保护装置开关/控制柜制作要点等。

本书适合从事电气工程的技术人员及其装置设备制作加工的技术人员、相应技术工人及技师阅读，也可作为相应技术人员、技术工人的培训教材，还可作为电气专业师生的教学实践用书。

图书在版编目（CIP）数据

电气工程常用装置及开关控制柜制作加工技术/白玉岷等编著. —2版. —北京：机械工业出版社，2016.3
（电气工程安装调试运行维护实用技术技能丛书）
ISBN 978-7-111-53137-7

Ⅰ.①电… Ⅱ.①白… Ⅲ.①电气设备—制作 ②开关控制—控制设备—制作 Ⅳ.①TM ②TP271

中国版本图书馆 CIP 数据核字（2016）第 041188 号

机械工业出版社（北京市百万庄大街22号 邮政编码100037）
策划编辑：张俊红 责任编辑：张俊红
责任校对：肖 琳 封面设计：马精明
责任印制：乔 宇
北京中兴印刷有限公司印刷
2016 年 4 月第 2 版·第 1 次印刷
184mm×260mm·11.5 印张·3 插页·284 千字
标准书号：ISBN 978-7-111-53137-1
定价：39.00 元

电气工程 安装调试 运行维护 实用技术技能丛书

主　　编	白玉岷			
编　　委	刘　洋	宋宏江	陈　斌	高　英
	张艳梅	田　明	桂　垣	董蓓蓓
	武占斌	王振山	赵洪山	张　璐
	莫　杰	田　朋	谷文旗	李云鹏
	刘晋虹	白永军	赵颖捷	赵宏德
	张利敏	李　君		
主　　审	悦　英	赵颖捷	桂　垣	
土建工程				
顾　　问	李志强			
编写人员	赵宏德	张利敏	李　君	韩健北
	薛玉明	刘　继	吴小环	宋　智
	石小永	闫　莉	于长河	

前　言

当前，我们的国家正处于改革开放、经济腾飞的伟大转折时代。在这样的大好形势下，我们可以看到电工技术突飞猛进的发展，新技术、新材料、新设备、新工艺层出不穷、日新月异。电子技术、计算机技术以及通信、信息、自动化、控制工程、电力电子、传感器、机器人、机电一体化、遥测遥控等技术及装置已与电力、机械、化工、冶金、交通、航天、建筑、医疗、农业、金融、教育、国防等行业技术及管理融为一体，并成为推动工业发展的核心动力。特别是电气系统，一旦出现故障将会造成不可估量的损失。2003 年 8 月美国、加拿大大面积停电，几乎使整个北美瘫痪。我国 2008 年南方雪灾，引起大面积停电，造成 1110 亿人民币的经济损失。这些都是非常惨痛的教训。

电气系统的先进性、稳定性、可靠性、灵敏性、安全性是缺一不可的，因此电气工作人员必须稳步提高，具有精湛高超的技术技能，崇高的职业道德以及对专业工作认真负责、兢兢业业、精益求精的执业作风。

技术的进步、经济体制的改革、用人机制的变革及市场需求的不断变化，造成对电气工作人员的要求越来越高。技术全面、强（电）弱（电）皆通的管理型电气工作人员成为用人单位的第一需求。为此，我们组织编写了《电气工程安装调试运行维护实用技术技能丛书》。

编写本丛书的目的，首先是帮助读者在较短的时间里掌握电气工程的各项实际工作技术技能，使院校毕业的学生在工程中能够尽快地解决实际设计、安装、调试、运行、维护、检修等技术问题，以及工程质量管理监督、安全生产、成本核算、施工组织等管理问题；其次是为工科院校电气工程及自动化专业提供一套实践读物，亦可供学生自学及今后就业参考；然后是技术公开，做好电气工程技术技能的传、帮、带的交接工作，每个作者都将个人几十年从事电气技术工作的经验、技术、技能毫无保留公之于众，造福社会；最后是为刚刚走上工作岗位的电气工程及自动化专业的大学生尽快适应岗位要求提供一个自学教程，以便尽快完成从大学生到工程师的过渡。

本丛书汇集了众多实践经验极为丰富、理论知识精通扎实、能够将科研成果转化为实践、能够解决工程实践难题的资深高工、教授、技师承担编写工作，他们分别来自设计单位、安装单位、工矿企业、高等院校、通信单位、供电公司、生产现场、监理单位、技术监督部门等。他们将电气工程及自动化工程中设计、安装、调试、运行、维护、检修、保养，以及安全技术、读图技能、施工组织、预算编制、质量管理监督、计算机应用等实践技术技能以及实践经验、绝活窍门，由浅入深、由易至难、由简单到复杂、由强电到弱电进行了详细的论述，供广大读者特别是青年工人和电气工程及自动化专业的学生们学习、模仿、参考，以期帮助他们在技术技能上取得更大的成绩和进步。

本丛书的特点是实用性强，可操作性强，通用性强。但需要说明的是，本丛书讲述的技术技能及方法不是唯一的，也可能不是最先进、最科学的，然而按照本丛书讲述的方法，一定能将各种工程，包括复杂且难度大的工程顺利圆满地完成。读者及青年朋友们在遇到技术难题时，只需翻阅相关分册的内容便可找到解决难题的办法。

电气工程相关工作是个特殊的职业，从前述分析可以得知电气工程及自动化工程的特点，主要是：安全性强，这是万万不容忽视的；专业理论性强，涉及自动控制、通信网络、自动检测及复杂的控制系统；从业人员文化层次较高；技术技能难度较大，理论与实践联系紧密；工程现场条件局限性大，环境特殊，如易燃易爆等；涉及相关专业广，如机、钳、焊、铆、吊装、运输等；节能指标要求严格；系统性、严密性、可靠性、稳定性要求严密，从始至终不得放松；最后一条是法令性强，规程、规范、标准多，有150多种。电气工作人员除了技术技能的要求外，最重要的一条则是职业道德和敬业精神。只有高超的技术技能与高尚的职业道德、崇高的敬业精神结合起来，才能保证电力系统及自动化系统的正常运行及其先进性、稳定性、可靠性、灵敏性和安全性。

因此，作为电气工程工作人员，特别是刚刚进入这个行业的年轻人，应该加强相关技术技能的学习和锻炼，深入实践，不怕吃苦、不怕受累；同时应加强相关理论知识的学习，并与实践紧密结合，提高技术水平；在工程实践中加强职业道德的修养，规范并加强作业执业行为，才能成为电气行业的技术高手。

在国家经济高速发展的过程中，每名电气工作者都肩负着非常重要的责任。国家宏观调控的重要目标就是要全面贯彻落实科学发展观，加快建设资源节约型、环境友好型社会，把节能减排作为调整经济结构、转变增长方式的突破口。在电气工程、自动化工程及其系统的每个环节和细节里，每个电气工作者只要能够尽心尽责、兢兢业业，确保安装调试的质量，做好运行维护工作，就能够减少工程费用，减小事故频率，降低运行成本，削减维护开支；就能确保电气系统的安全、稳定、可靠运行。电气工作人员便为节能减排、促进低碳经济发展，保增长、保民生、促稳定做出应有的贡献。

本书主要由白玉岷编写，参加本书部分内容编写的还有刘洋、宋宏江、陈斌、高英、张艳梅、田明、桂垣、董蓓蓓、武占斌、王振山、张璐、赵洪山、莫杰、田朋、谷文旗、李云鹏、白永军、韩月英、刘晋虹、高春明、赵颖捷、贾连忠、武双有、李志强、闫敬敏、李树兵、王佩燕、张瑜军、赵玉春、王建等人。

在这中华民族腾飞的时代里，每个人都有发展和取得成功的机遇，倘若这套《电气工程安装调试运行维护实用技术技能丛书》能为您提供有益的帮助和支持，我们全体作者将会感到万分欣慰和满足。祝本丛书的所有读者，在通往电工技术技能职业高峰的道路上，乘风破浪、一帆风顺、马到成功。

白玉岷

目 录

第一章　电气工程装置制作加工总则

在电气安装工程中往往有许多材料、配件及设备需要在安装前进行预制，加工成型后，才能运往安装现场。例如，架空线路的横担、抱箍、拉线底把、变电站的金具、各种预埋铁件、接地极棍、接地引线、避雷针、支架、电缆穿管、标准房间敷设的管路等，还有一些定型或不定型的开关柜（箱）、控制柜（箱）及其柜体底座支架、非标准的接线盒（箱）、配电箱（板）以及其他一些器件等。特别是安装标准化，更有许多材料、设备需要加工预制，进而实现安装工厂化，这样对加快工程进度，提高安装质量都有积极的意义。

制作加工技术，特别是开关/控制柜的制作与电气工程安装调试技术有着很多相同和不同的地方。从电气设备、元件、线路的设计、选型、试验、测试、组装上来讲是相通的；但是在柜体外形、结构设计、板材选用、轧制制作、装配成型，外形包装涂装上却有着很大的不同，同时标准、规范要求也不尽相同。另外开关/控制柜本身的价值与安装调试也有很大不同。因此，制作加工除了技术以外，制作必须遵守国家、部委相应的标准、规范和技术规则，确保其质量和使用上的规范性和安全性。

一、一般要求

1）金属构件及箱柜的材料、几何尺寸、数量、功能作用、主要配件元件应符合施工图样的要求；施工图没有明确时，应符合标准图册或相关标准规范的要求；图册或规范标准无规定时可自行设计，自行设计应保证功能作用，符合相关标准要求。

2）制作加工的工艺过程应符合机械加工工艺过程的要求，要有图样、加工精度、工序检测、整理装配试验程序及要求等，其精度应满足构件图样的要求。

3）加工制作过程如有焊接等特殊工种作业时，其特殊工种人员须有上岗操作证。特殊工种人员操作部位应与其证件相符。

4）加工制作机械化生产并应配备相应的厂地、机器和设备，如车床、钻床、刨床、铣床、剪板机、折边机、折弯机、点焊机，以及各类检测试验仪器仪表及器具等，配备镀锌、喷漆、包装及检测试验设备等设施。

5）预制加工应工厂化，人员应相对稳定，有工艺程序，有设计、技术、检测、试验、管理等部门或专职人员及相应制度。

6）电气开关柜（箱）制作应取得相应等级的资格证书，并符合上述条款要求。

7）预制加工的产品应符合相应标准、规范及规程的要求，企业应有不低于国家标准的企业标准。

8）预制加工用到的材料、元器件必须有试验报告，试验单位必须有相应的资质条件。

9）制作加工全过程必须由技术技能高超的电气工程师、电工、钳工、钣金工、焊工、喷漆工、机工等完成。

二、开关柜、控制柜出厂试验总则

国家标准规定的出厂试验项目包括主回路的绝缘试验、辅助和控制回路的绝缘试验、主回路电阻的测量、密封试验、设计检查和外观检查。

需要进行一些附加的出厂试验，这在有关的产品标准中予以规定。

开关设备和控制设备在运输前不完成总装，那么应该对所有的运输单元进行单独的试验。在这种场合，制造厂应该证明这些试验的有效性（如泄漏率、试验电压、部分主回路的电阻等）。

（一）主回路的绝缘试验

进行短时工频电压干试验，试验应按 GB/T 16927.1—2011 和 GB/T 16927.2—2013 在新的、清洁的和干燥的完整设备、单极或运输单元上进行。

试验电压按表 1-1 或表 1-2 中栏（2）的规定值，或是按有关的产品标准或这些标准的适用部分选取。

表 1-1　额定电压范围 I 的额定绝缘水平

额定电压(有效值) U_r/kV	额定短时工频耐受电压(有效值) U_d/kV		额定雷电冲击耐受电压(峰值) U_p/kV	
	通用值	隔离断口	通用值	隔离断口
(1)	(2)	(3)	(4)	(5)
3.6	10	12	20	32
	18	20	40	46
7.2	20	25	40	46
	23	28	60	70
12	28	32	60	70
	42[①]	48[①]	75	85
24	50	60	95	110
			125	145
40.5	85,95[①]	110	185	215
72.5	140	160	325	375
	160	176	350	385
126	185	210	450	520
	230	265	550	630
252	360	415	850	950
	395	460	950	1050
	460	530	1050	1200

① 为设备外绝缘在干燥状态下的耐受电压。

表 1-2　额定电压范围 II 的额定绝缘水平

额定电压(有效值) U_r/kV	额定短时工频耐受电压 (有效值)U_d/kV		额定操作冲击耐受电压 (峰值)U_s/kV			额定雷电冲击耐受电压 (峰值)U_p/kV	
	相对地 和相间	开关断口和/ 或隔离断口	相对地和 开关断口	相间	隔离断口	相对地 和相间	开关断口和/ 或隔离断口
(1)	(2)	(3)	(4)	(5)	(6)	(7)	(8)
363	460	520	850	1300	850(+295)	1050	1050(+205)
	510	580	950	1425		1175	1175(+205)

（续）

额定电压（有效值）U_r/kV	额定短时工频耐受电压（有效值）U_d/kV		额定操作冲击耐受电压（峰值）U_s/kV			额定雷电冲击耐受电压（峰值）U_p/kV	
	相对地和相间	开关断口和/或隔离断口	相对地和开关断口	相间	隔离断口	相对地和相间	开关断口和/或隔离断口
（1）	（2）	（3）	（4）	（5）	（6）	（7）	（8）
550	630	800	1050	1680	1050（ +450）	1425	1425（ +315）
	680		1175	1760		1550	1550（ +315）
800	830	1150	1300	2210	1100（ +650）	1800	1800（ +455）
			1425	2420		2100	2100（ +455）

注：1. 栏（6）也适用于某些断路器。

2. 栏（6）中，括号内的值是加在对侧端子上的工频电压峰值 $U_r \sqrt{2}/\sqrt{3}$（联合电压试验）；栏（8）中，括号内的值是加在对侧端子上的工频电压峰值 $0.7U_r \sqrt{2}/\sqrt{3}$（联合电压试验）。

3. 栏（2）的值适用于型式试验，相对地；出厂试验，相对地，相间和开关断口。栏（3）、（5）、（6）和（8）的值只适用于型式试验。

如果开关设备和控制设备的绝缘仅由实心绝缘子和处在大气压力下的空气提供，则只要检查导电部分之间（相间、断口间以及导电部分和底架间）的尺寸即可，耐受工频电压试验可以省略。

尺寸检查的基础是尺寸（外形）图，这些图样是特定的开关设备和控制设备的型式试验报告的一部分（或是在型式试验报告中被引用）。因此，在这些图样中应该给出尺寸检查所需的全部数据（包括允许的偏差）。

（二）辅助和控制回路的绝缘试验

开关设备和控制设备的辅助和控制回路应该承受短时耐受工频电压试验：

1）电压加在连接在一起的辅助和控制回路与开关装置的底架之间；

2）电压加在辅助和控制回路的每一部分（这部分在正常使用中与其他部分绝缘）与连接在一起并和底架相连的其他部分之间。

试验电压应该为 2000V。试验应该按 GB/T 17627.1—1998 进行，电压持续 1min。如果在每次试验中都未发生破坏性放电，则可以认为通过了本项试验。

通常，电动机与在辅助和控制回路中使用的其他装置的试验电压，应该与这些回路的试验电压相同。如果这些电器已按相应的标准做过试验，则在试验时可以隔开。

如果在辅助和控制回路中使用了电子元器件，则可按制造厂和用户间的协议采用不同的试验程序和数值。

经制造厂和用户协商同意，试验持续时间通常可以缩短到 1s。

（三）主回路电阻的测量

对于出厂试验，主回路每极直流电压降或电阻的测量，应该尽可能在与相应的型式试验相似的条件（周围空气温度和测量部位）下进行。

为了把做过温升试验（型式试验）的开关设备和控制设备与所有做过出厂试验的同一型号的开关设备和控制设备作一比较，应该进行主回路电阻的测量。

应该用直流电来测量每极端子间的电压降或电阻，而对于封闭开关设备和控制设备应该作特殊的考虑（见相关的标准）。

试验电流应该取 50A 到额定电流之间的任一方便的值。

经验表明，单凭主回路电阻增大不能看作是接触不良或连接不好的可靠证据。这时，试验应当在更大的电流（尽可能接近额定电流）下重复进行。

应该在温升试验前开关设备和控制设备处在周围空气温度下，测量直流电压降或电阻；还应该在温升试验后开关设备和控制设备冷却到周围空气温度时，测量直流电压降或电阻，在两次试验中测得的电阻的差别不应该超过 20%。

在型式试验报告中，应该给出直流电压降或电阻的测量值，以及试验时的一般条件（电流、周围空气温度、测量部位等）。

测得的电阻不应超过 $1.2R_u$，R_u 是温升试验前测得的电阻。

（四）密封试验

出厂试验应按制造厂的试验习惯在正常的周围空气温度下，在充以制造厂规定压力（或密度）的装配上进行。对于充气的系统，可以用探头来试漏。

1. 气体的可控压力系统

应该用在一段时间 t 内测得的压力降 Δp 来检查相对漏气率 F_{rel}，这段时间要长到足以确定压力降（在充气和补充压力范围之内）。应当对周围空气温度的变化进行修正，在这段时间内补气装置不应工作。具体如下：

$$F_{rel} = \frac{\Delta p}{p_t} \frac{24}{t} \times 100\%$$

$$N = \frac{\Delta p}{p_r - p_m} \frac{24}{t}$$

式中　t——试验持续时间，单位为 h。

为了保持公式的线性，Δp 应当和 $p_r - p_m$ 具有同一数量级。可用的另一种方法是直接测量每天的补气次数。

2. 气体的封闭压力系统

由于这些系统的漏气率相对较小，所以压力降测量法是不适用的。这时可以用以下方法来测量漏气率 F，这些方法连同图 1-1 可以用来计算相对漏气率 F_{rel} 和补气间隔时间 T（不在极端的温度条件或操作频率下）。

通常，试验 Q_m（GB/T 2423.23—2008）是确定气体系统泄漏的合适方法。

如果充入试品的试验气体不同于运行中使用的气体和/或试验压力不同于正常的工作压力，计算时应该使用制造厂规定的换算因数。

鉴于低温和高温试验过程中测量有困难，可以在低温和高温试验前和后，处在周围温度下进行密封试验，来确定漏气率是否有变化。

由于漏气率的测量实际上可能有 ±50% 的误差，所以如果达到表 1-3 规定值的 +50% 以内，就认为密封试验结果是合格的。在计算补气间隔时间时，应该计入这一测量误差。

3. 密封压力系统

1) 使用气体的开关设备：对这类开关设备和控制设备进行密封试验，是为了确定密封压力系统的预期工作寿命，试验应按相关规定进行。

2) 真空开关设备：每只真空灭弧室应该用它的出厂顺序号来识别，它的真空压力应该由制造厂来检验。

测量实例：气体绝缘金属封闭开关设备，单相密封、三相的断路器隔室接到同一个气体系统。

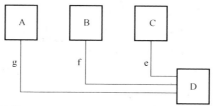

系统漏气率：

隔室 A　19×10⁻⁶Pa·m³/s

隔室 B　19×10⁻⁶Pa·m³/s

隔室 C　19×10⁻⁶Pa·m³/s

控制箱 D（包括阀门、表计和监测装置）2.3×10⁻⁶Pa·m³/s

管路 e　0.2×10⁻⁶Pa·m³/s

管路 f　0.2×10⁻⁶Pa·m³/s

管路 g　0.2×10⁻⁶Pa·m³/s

整个系统　59.9×10⁻⁶Pa·m³/s

充气压力　p_{re}：700kPa（绝对压力）

报警压力　p_{ae}：640kPa（绝对压力）

总的内部体积　270dm³

$$F_{rel} = \frac{59.9 \times 10^{-6} \times 60 \times 60 \times 24 \times 365}{700 \times 10^{3} \times 270 \times 10^{-3}} \times 100 = 1.0\%/\text{年}$$

$$T = \frac{(700 - 640) \times 10^{3} \times 270 \times 10^{-3}}{59.9 \times 10^{-6} \times 60 \times 60 \times 24 \times 365} = 8.5 \text{ 年}$$

图 1-1　封闭压力系统密封配合图的实例

表 1-3　气体系统的允许暂时漏气率

温度等级/℃	允许暂时漏气率
+40 和 +50	$3F_p$
−5 < 周围温度 < +40	F_p
−5/−10/−15/−25/−40	$3F_p$
−50	$6F_p$

试验结果应该作出书面记录，如有要求，应该出具书面证明。

开关装置装配完成以后，真空灭弧室的真空度应该在分开的触头间用有明显作用的出厂绝缘试验来检验，试验电压应由制造厂规定。

绝缘试验应该在出厂机械试验后进行。

4. 液体密封试验

出厂试验应该在正常的周围温度下，在完全装配好的开关设备和控制设备上进行。分装的试验也是允许的，这时最后的检查应该在现场进行。

1）密封试验的目的是证明系统总的泄漏率 F_{liq} 不超过规定值 $F_{p(liq)}$。

试品应该装上使用时带有的各种附件和规定的液体，安装得应尽可能接近使用情况（框架、固定方式）。

密封试验应该与相关标准中要求做的试验一起进行，一般在机械操作试验前和后，在极端温度下的操作试验过程中或在温升试验的前和后进行。

　　在极端温度下（如果相关标准要求进行这样的试验）和/或在操作过程中，泄漏率的增加是可以接受的，只要在温度恢复到正常周围空气温度后和/或在操作完成后泄漏恢复到起始的数值即可，但暂时增加的泄漏率不应该妨碍开关设备和控制设备的安全运行。

　　对开关设备观测的时间应该足以确定可能有的泄漏或压力降 Δp，这时上述给出的计算公式是正确有效的。

　　试验时采用和工作时使用不同的液体或者采用气体都是可以的，但制造厂必须证明其合理性和可行性、安全性。

　　2）试验报告应当包括以下资料：

　　① 试品的一般说明；

　　② 完成的操作次数；

　　③ 液体的性质和压力；

　　④ 在试验过程中周围空气的温度；

　　⑤ 开关装置在合闸位置或分闸位置测得的试验结果。

　　5. 设计和外观检查

　　开关设备和控制设备应该经过检查，以证明它们符合买方的技术条件。

　　开关柜、控制柜出厂试验中的密封试验，以开关元器件制造厂家的出厂试验及合格证书为准；若对其有怀疑，应经具有试验资格的持证单位进行试验，并出具有法律效力的试验报告。

第二章 常用一般金属构件的制作

一、金属管路的预制加工

预制加工的金属管路主要指变电站（室）或建筑物进出电缆的保护管，及绝缘导线穿越建筑物的基础或承重墙及道路的保护管。例如，电缆直埋敷设穿越道路、穿越建筑物，电缆沿杆引上或引下入地、电缆沿墙明敷穿越楼板或穿墙等，都需要有金属管保护。

金属管路预制加工的工艺过程一般可分为以下几个步骤。

（一）保护管统计

根据图样的设计要求确定保护管的材质、管径、长度、根数，大型工程或管较多时应将管编号并填入表格内，以备查找，不易混乱。表格的样式见表2-1。

表 2-1　保护管统计表

编号	敷设部位	管径	长度	数量	存放地点

（二）选料及调直

在平台上用手锤（规格由管径大小而定）将管调直，弯曲严重的管一般不得使用。调直操作时用力要适中，通常不得改变管子直径的5%。手锤调直时应垫以硬木，以防管子损伤。有条件的情况下应使用调直机。

（三）下料

1）下料的工具有手工铁锯、电动无齿锯、手动或电动切管机等。

2）用石笔在已确定的管子上，按长度在管外皮画出锯割线。一般是用条形油毡先紧裹在管子的外壁上，然后用石笔沿着油毡的圆周画出锯割线。有时为了保证尺寸的精确，应将石笔磨成楔形，如图2-1所示。

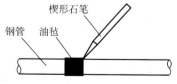

图 2-1　在钢管上画线的方法

3）锯割

① 手工锯割。先将画好线的管子在工作台（一般为现场使用的铁案子）上，用压力钳夹紧固定（通常不用台虎钳夹紧，以免将管子夹扁）。管径较大时，应由两人操作，压力由推者掌握。用力不要过猛，速度要适中；更换锯条时，锯齿向前的方向应和推力的方向一致，紧固的元宝螺母要适中，太紧或太松都容易使锯条折断；锯割时，锯条应和管轴线垂直，并沿石笔线锯割，必要时可在锯割处加一点机油；锯割时，以右手为主操作的操作者应将左脚放在前面，右脚放在后面，身子稍弯；操作者应戴手套；当即将锯完时，应用手将锯下段托住，但不应使锯缝减小，以免夹断锯条；锯完后应用圆锉将管口的毛刺锉掉。

② 电动无齿锯锯割。先将管子依石笔线卡在无齿锯的锯口齿上，按动手把使锯盘接触管子，调整管子使其正好落在石笔线上，然后再把手把抬起。起动前，先检查一下锯盘的紧锁螺母有无松动、锯盘是否完整及有无裂纹等不妥之处，电源及开关有无漏电、破损或倒转，接地是否良好。起动后，轻轻按动手把，使锯盘接触管子，稍加用力，锯盘沿石笔线切开锯口，然后再缓慢增加按动手把的压力。当锯开到 4/5 以后应轻轻减小压力，直至锯断为止，将手把抬起并关闭电源。全过程用力不得过大过猛，要注意安全，并严禁多根管同时切割。管口处理同前。更换锯盘时，应将电源摘除，以免误操作。电动工具的电源线应用四芯线，其中有一根为接地线。

③ 手动切管器切割。先将画好线的管子在工作台上用压力钳夹紧固定，将切管器刀口部位套在管子上，并将刀口对准石笔线，旋转进刀手柄，使切刀夹紧管壁，切刀、手柄及切管器整个中心线应和管子轴线垂直。然后沿着管径的垂直面顺时针旋转切管机的手柄，并且随旋转来转动进刀手柄，直至切断。进刀手柄应缓慢旋转，刀口吃力要适中，转动切管器时速度要力求均匀。要根据管径大小，适当选择不同规格的切管器。一个切管器一般适用几种不同规格的管子的切割，更换刀片时应按原来刀片的规格更换。手动切管器适用于管径较小的管子，管径较大时应用电动切管机。

④ 电动切管机切割。电动切管机的使用和手动切管器基本相同，所不同的是先将管子插入切管机的刀口部位，并用夹具夹紧，然后起动电动机使管子旋转，同时转动进刀手柄，直到切断为止，再停机。其注意事项同手动切管器和电动无齿锯，其管口处理同上。

电动切管机既能套螺纹又能削坡口，是工程中常用的三用机。

任何情况及条件下，都严禁使用气割切管。

（四）扫管清除毛刺及锈蚀

将金属刷子的两端用铁丝拴好送入管内，将管子固定在 1.4m 的高处，然后两人分别从管子两端拉拽铁丝，配合要默契，并不断改变刷子在管内的角度，直到除尽见到金属光泽为止。刷子的选择应使用专用的钢丝刷子，其规格应和管子的规格相符，一般比管内径稍大一些。铁丝的选择应按管子的内径选择，内径小铁丝细一些，内径大铁丝粗一些。

除锈后再用干抹布用上述方法把其管内的浮锈擦干净。

（五）煨弯

煨弯有两种方法：一种是手工煨制，一种是机械煨制。因为保护管一般管径偏大，所以用手工煨制时都采用热煨。

1. 手工煨制

1）将管立起，下端用木楔塞好。

2）从上管口灌进干燥的豆砂（必要时要在锅内或铁板上加热烘干），边灌边用铁锤敲打，直至灌满为止。然后用木楔将上管口塞好，并用锤子敲打使其牢固。

3）确定弯曲半径并在弯曲部分画线。保护管的弯曲半径 R_w 一般为管子外径的 10 倍，弯曲部分的长度一般为以弯曲半径为圆的 1/4 周长，这部分管子应在测量管子尺寸时加进去，如图 2-2 所示。AB 弧长总要比 AB 直线长度大一点，但并不影响保护管的敷设，通常不予考虑；但在切点部位和控制点 1、2 部位用粉笔或细铁丝缠绕标出，如图 2-2 所示。

4）用烘炉或气焊将弯曲部分加热烤红。加热应均匀一致，要随时转动管子，以免加热过度。用气焊加热时可用几个焊把同时加热。

5）将烤红的管子放在平台上，平台上有预焊好的卡具，搬动较长的一端，使管子弯曲。弯曲一点并把管子向前推进一点，直至弯好。如图2-3所示，控制点越多越好。

或者预先做好模子，延着模子的弯曲部分煨弯，如图2-4所示。

6）煨好后将木楔取掉，把砂子倒出，再用干抹布扫管，将内部清扫干净。取掉木楔的办法一般用两把龙头同时从两侧延着和管轴线成20°角的方向敲打，如图2-5所示。砂子应倒在铁板上，以备再用。

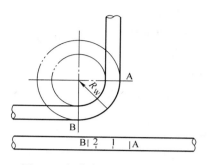

图 2-2　钢管弯曲半径和控制点的确定示意图

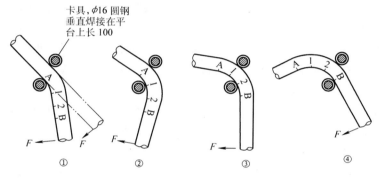

图 2-3　卡具手动煨弯示意图

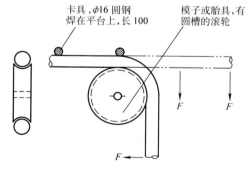

图 2-4　模子（胎具）手动煨弯示意图

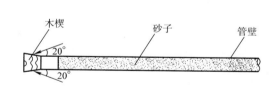

图 2-5　将堵塞管口的木楔取掉

2. 机械煨制

机械煨制和手工煨制基本相同，所不同的是用机械或电动煨弯机。管径小一点的可冷煨，管径大的应该热煨，其加热方法可用上述方法，有条件的可用中频加热煨弯机。

将管子插入煨弯机的滚轮内，起动电动机即可煨制完成。该法主要是正确选择滚轮，选择滚轮要根据管子外径和煨弯的曲率半径进行，更换时一定要关掉电源。

3. 弯头的焊接

有些工程中，煨弯采用焊接的方法，也就是用成品弯头和测量好的管子焊接。管子的处理方法同前，成品弯头的弯曲半径应不小于管子外径10倍，可自己加工，也可从市场购入。

焊接时先打坡口，焊接可采用电焊或气焊，其要求是管内焊口不得有焊碴。电焊时应采用单面焊接、单面成型焊接法。另外该法对焊工的要求较高，一定是经培训并经考试合格的焊工。操作前应试焊一小段焊口，然后锯开检查，管内焊口无焊碴为合格。焊好后再扫管一次，以防有残渣。

（六）做喇叭口

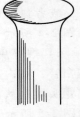

用烘炉或气焊将管口加热烤红，用手锤敲打管口，使其直径增大，最后形成喇叭口，由内向外 360°内均匀扩大，如图 2-6 所示。注意管子的焊缝部位不得撕裂，然后用锉将喇叭口修整光滑无毛刺。

图 2-6　喇叭口示意图

（七）防腐处理

明设的管子应镀锌处理，没有条件的可刷一道防锈漆，安装后再刷一道色漆。暗设的管子应刷沥青防腐漆两道。刷漆应管内外全刷，管内刷漆的方法基本同用破布扫管，先用干净抹布扫管，然后再更换抹布，在更换新的干净抹布后倒上油漆，然后两人在管口两侧拉动。必要时再补倒几次油漆，刷完后将管放在干燥且温度偏高通风的场所自然风干。

（八）整理放好

管子按管径、长度、敷设部位堆放好，必要时应在喇叭口处用钢字头打好编号，并按表 2-1 填好，避免混乱。

二、金工件的预制加工

金工件主要包括输电线路的横担、抱箍、接户线装置，变电站（室）、室外变台用的金属构件（架）、预埋铁件、电缆或线槽的支架等，另外还有接地系统的地极棒、避雷针、避雷线、接地引线等。一般将与导线连接的部件统称为金具。

金工件预制加工的工艺过程一般可分为以下几个步骤。

（一）金具统计

根据图样或标准图册确定各种金具的所用钢材（一般有角钢、工字钢、槽钢、扁钢、圆钢、钢管、钢板等）的型号、规格、每根长度、根数等。大型工程要填写表格，见表 2-2。

表 2-2　金具统计表

编号	名称	安装地点	规格	数量	存放地点

一个大中型电气工程要用到几千吨、几百吨的钢材，要从施工准备时做到计划管理、严格工艺、节约材料、提高效率。

（二）检验

索取到货钢材的产品合格证和出厂试验报告和材质单，并取样做理化试验。金具加工的钢材必须是合格品，机械强度必须满足设计要求。进一批料化验一批，严禁混料，严禁加工无化验单的材料，以便保证工程质量。特别是承受应力较大的横担、支架等更要注意这点。

（三）选料调直

大型加工基地应有调直机，小批量的加工可用手工调直，手工调直和保护管调直方法基本相同。调直机有液压和电动两种，价格较高，但性能好，功能全，用途广，操作简单方便。把要调直的钢材放入调直轨道内，并按钢材型号、规格选择手柄或按钮，起动电动机即可工作。当行程到位时发出声光信号，并自动返回原来位置。一般的调直一次即可，较严重的调直应分别进行数次。通常较严重的调直以后的钢材应降级使用，或用在受力较小的场合。液压或电动调直机的使用应按设备使用说明书进行，并由专人操作，同时应进行正常的维护。

也可以自制小型简单的调直机，一般为手动操作，如图 2-7 所示。其主要部件（丝杆）应进行精确的机加工。

（四）下料

同金属保护管，严禁气割。

（五）开孔

开孔的工具主要有手电钻、台钻、钻床或铣床和各种规格的钻头。严禁用气割开孔。

1. 画线

在要开孔的部位用画针或石笔画好开孔的位置，通常用十字画出开孔的中心位置，并在十字中心用冲子冲出小坑。但是有些金具除了开圆孔外，还要开长圆孔，因此应按中心位置在其两边分别冲出两个小坑。在角钢、槽钢、工字钢上画线时，应将中心位置画在边宽或腿宽的 1/2 位置上，使用样冲时，应使其垂直工件，如图 2-8 所示。画线应力求准确，偏差在 ±1mm 内。

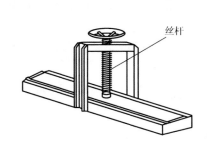

图 2-7　简易调直机示意图

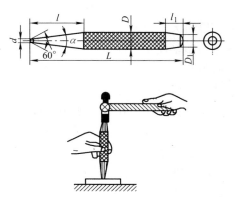

图 2-8　样冲及其正确使用方法

2. 开孔

1）根据图样要求和安装时穿过孔内的螺栓直径适当选用钻头（一般大于穿孔螺栓2mm），将钻头装在电钻的卡头中并用卡头钥匙卡紧，严禁用铁具敲击卡头。将铁件固定在钻台上，并使钻头对准开孔的中心，一般是调整钻台或铁件的位置。然后按动开关，并压下手柄，使钻头轻轻靠近冲点，如果不正应停车重新调整。对正后缓慢施加手柄压力，直至钻透。当即将钻透时压力不得减小，以免卡住。钻孔过程中，如果发现钻头松动或铁件转动，应停车重新卡紧，以免发生事故。

开长孔时，应分别在轴线钻出两个同径的孔，中间连接部分用铁锯锯掉或用扁铲取掉，形成长孔，必要时应用锉刀修整。开这样的孔时，要钻的两个同径孔的距离不要太近，一般应在 2~3mm 之间，如图 2-9 所示。大量的长孔加工时，应用铣床加工。

开孔时，除了正确选择钻头外，还要注意磨钻头，这对开孔有很大的意义。

2）磨好的钻头（指麻花钻头）的工作头部有一定的角度，有前角 γ、后角 α、顶角 2ϕ 和横刃角 ψ，如图 2-10 所示。

钻头的顶角有很大作用，钻头的工作状况和效率都取决于顶角。顶角的角度取决于钻削的材料，中等硬度的钢或铁钻孔，顶角应磨成 116°~118°；紫铜钻孔应为 125°；铝钻孔应为 140°；大理石或电木钻孔应为 80°。

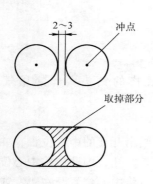

图 2-9　长孔画线示意图

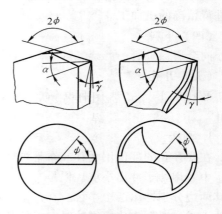

图 2-10　麻花钻头角的位置

前角大，切削阻力小，但刀刃强度较差，所以在不影响刃口强度的条件下前角越大越好。后角大可以减少摩擦，提高刀刃的寿命；但如果太大，会使钻头强度削弱反而缩短刀尖寿命。钻坚硬工件时，在不影响刀尖硬度下，后角可以增加但不能超过 12°。横刃角小，随着横刃角度增加将严重增加进刀阻力；但横刃角太大会使中心附近的后角变成负值，钻头不能钻孔。所以横刃角一般在 50°~55°范围内。

钻孔过程中，由于钻头钝了或者工件材料不同，经常要在砂轮上磨钻头，其方法如下：

① 顶角、后角、横刃角同时磨出。

a. 刃磨部位为两个后刃面，如图 2-11a 所示。

b. 刃磨次序应由锋口开始，如图 2-11a 所示。

c. 钻头与砂轮斜度，开始时应为 1/2 顶角，如图 2-11b 所示。

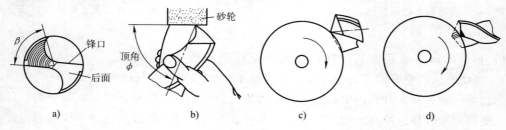

图 2-11　磨修钻头的方法

a）刃磨部位　b）钻头与砂轮的斜度　c）修磨前角　d）磨掉横刃

d. 刃磨痕迹应与圆周平行，如图 2-11a 所示。

② 前角与横刃的修磨。前角磨小和横刃磨短是在砂轮角上进行的，如图 2-11c 和图2-11d所示。

（六）锻打

有的金具需要锻打成一定形状，如避雷针顶端要锻成尖状，U 形抱箍半圆部分要锻扁等，因此应先在烘炉上将锻打部位烧红，然后用手锤将其锻打成图样要求的形状。有条件的还应进行退火处理，小批量的锻件也可用气焊烤红锻打。

凡是埋入建筑物用来固定设备或元件、支持电缆和铁管之类的金属构架的埋入部分，都要做成鱼尾状，有的也须经锻打而成，如图 2-12 所示。

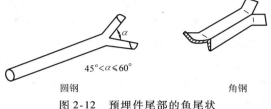

圆钢　　　　　　　　　　角钢

$45° < \alpha \leqslant 60°$

图 2-12　预埋件尾部的鱼尾状

（七）焊接

根据加工图或标准图册将散件焊接成型，如横担上的铁角、拉线底把的环钩、金属支持构架等。焊接应使用电焊，对焊工应有严格要求，必须是经劳动部门考试合格并取得操作证的才有资格进行金具焊接，严禁无证操作。施焊前应焊接试件，然后进行断拉试验或 X 光拍片、超声波探测等试验，合格者才可进行焊接。凡用在架空线路、变配电系统以及承受拉力或压力部位的金具，其焊接部位应打上焊接者的编号钢印，并抽样试验其焊接部的强度，以确保安全可靠。

焊接好的金具应进行外观检查和验收，其焊接表面应光洁，无裂纹、毛刺、砂眼、飞眼、气泡等缺陷。

（八）套螺纹

U 形抱箍、穿钉螺栓等金具需套螺纹，以便紧固。套螺纹的主要工具是扳牙，如图2-13所示。

套螺纹的方法如图 2-14 所示，套螺纹前先将圆钢的端头稍微锻成锥形；选择扳牙时应使其螺纹外径大于圆钢直径 0.2 ~ 0.4mm，否则扳牙有扭裂的可能；套螺纹时扳牙应和圆钢垂直，用力应均匀，向下压着扳把顺时针转动，并在转动时充分注油，一般转动 1 ~ 2 圈时应倒转半圈。每套完一端时，应用对应的螺母试紧一次，不合适时应及时调整扳牙。试螺母时手感应紧密无松动，且拧入、旋出时手感不太费力。套出的螺纹应光洁无毛刺，整齐规则。套好后一般应涂上一层凡士林，以免生锈。

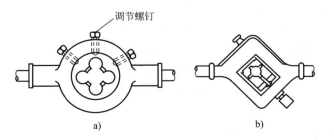

调节螺钉

a)　　　　　　　　　　b)

图 2-13　扳牙

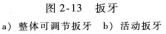

a) 整体可调节扳牙　b) 活动扳牙

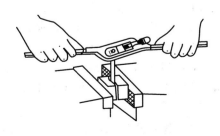

图 2-14　套螺纹操作示意图

大量件套螺纹应使用套螺纹机或专用车床，套螺纹机的使用同电动切管机，丝扣要求同上。

（九）镀锌处理

全部金具应热镀锌处理，一般由专业厂家加工；若自行加工应有专用的设备及整流电源等，操作人员应是专业人员。通常大型的安装企业应有自己的镀锌设备。

（十）整理放好

金工件应按类别、规格、安装工位堆放好，堆放时应注意丝扣部分，以免损坏螺纹。

（十一）防雷接地系统金工件的加工制作

地极棍一般用 $\phi25mm$ 圆钢、$5mm \times 50mm$ 角钢、D32 钢管制作，长度均为 $2 \sim 2.5m$，其中一端经锻打、车削或锯割成尖状；接地引线常采用 $\phi8 \sim 12mm$ 圆钢或 $4mm \times 40mm$ 扁钢避雷针的加工一般用 $\phi25mm$ 圆钢或 D40 钢管制作，圆钢顶部锻成尖状，钢管顶部应先锯割，然后再焊接，如图 2-15 所示。避雷针全长 $1.6 \sim 2m$，针尖应光滑尖锐锋利；加工完后，全部镀锌处理。接地引线的圆钢或扁钢应整盘镀锌。

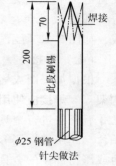

图 2-15　避雷针尖的制作示意图

三、架空线路金具的预制加工

架空线路金具主要有横担、抱箍、支撑、拉板、连板、立铁、叉架、花梁、顶架、避雷线吊架、拉线棒、地板棍、吊杆、节板、穿钉及螺母等，其预制加工使用的材料主要有槽钢、角铁、圆钢、扁铁、焊条、钢板等。

架空线路金具的预制加工与前述基本相同，不同的是金具的加工制作必须保证其机械强度符合线路运行条件及设计的要求。架空线路在运行中要受到强大的拉力，以及风、雨、雪、寒冷、炎热等气候条件下产生的不同应力的制约，因此对其质量会有很高的要求。

金具制作加工除上述要求外，必须做到以下几点：

1）上述使用的材料必须是正规厂家生产的优质产品，有合格证、试验检验报告及生产商生产许可证。

2）上述使用的材料必须经过当地资质相符的质量检验机构检验和试验，材料抽样应符合要求，试验后出具具有法律效力的检验/试验报告。未经检验和试验或经检验/试验不合格的材料杜绝使用。

3）加工制作应有严格的管理制度和工艺纪律，并配备相应资格的技术管理人员，特别是要严格遵守批次检验/试验、工序检验/试验制度，并有相关记录。

4）制作必须符合图样要求，全部采用机械下料，杜绝手工下料。

5）开孔必须使用钻床或铣床，杜绝手工开孔。

6）焊接者必须是持证合格焊工，焊接前试件必须经检验/试验。未经检验/试验或检验/试验不合格试件的焊工应进行培训，培训合格后才能上岗，并且重新进行试件检验/试验。

7）镀锌热处理应符合要求，镀件应光泽、均匀符合要求。

8）产品成型后应进行破坏性试验，以验证产品的性能和质量。

这里给出部分 10kV 杆上金具的图样，供参考，如图 2-16 ～图 2-28 所示。

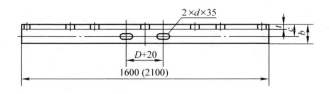

横担尺寸（单位:mm）

型号	b	t	d	c
10HD1-63-$\frac{750}{1000}$-(D)	63	6	18	35
10HD1-75-$\frac{750}{1000}$-(D)	75	8	20	42
10HD1-90-$\frac{750}{1000}$-(D)	90	8	24	49
10HD1-100-$\frac{750}{1000}$-(D)	100	10	26	50
10HD1-125-$\frac{750}{1000}$-(D)	125	10	26	60

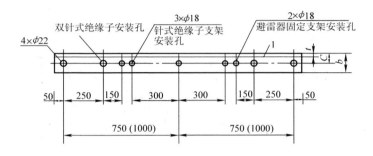

主要材料表

序号	名称	规格	单位	数量	附注
1	角钢	∟b×t	根	1	

注：热镀锌。

图 2-16　10HD1 10kV 单横担加工图

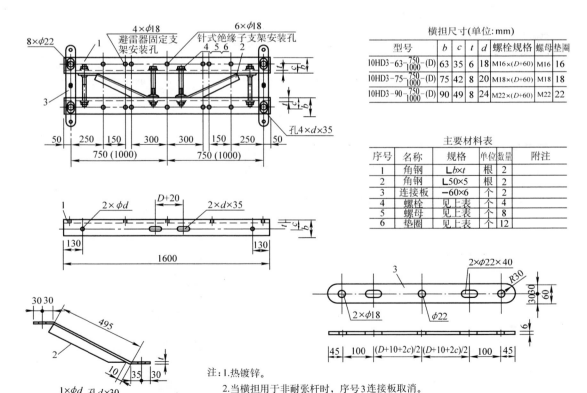

横担尺寸（单位:mm）

型号	b	c	t	d	螺栓规格	螺母	垫圈
10HD3-63-$\frac{750}{1000}$-(D)	63	35	6	18	M16×(D+60)	M16	16
10HD3-75-$\frac{750}{1000}$-(D)	75	42	8	20	M18×(D+60)	M18	18
10HD3-90-$\frac{750}{1000}$-(D)	90	49	8	24	M22×(D+60)	M22	22

主要材料表

序号	名称	规格	单位	数量	附注
1	角钢	∟b×t	根	2	
2	角钢	∟50×5	根	2	
3	连接板	—60×6	个	2	
4	螺栓	见上表	个	4	
5	螺母	见上表	个	8	
6	垫圈	见上表	个	12	

注：1.热镀锌。

2.当横担用于非耐张杆时，序号3连接板取消。

图 2-17　10HD3 10kV 双横担加工图

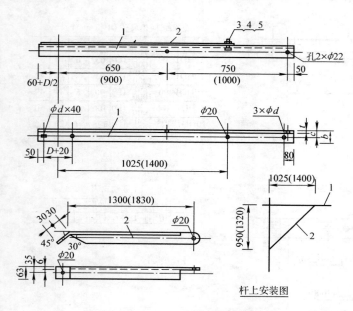

横担尺寸(单位:mm)

型号	b	t	d	c
$10HD4-63-\frac{750}{1000}-(D)$	63	6	18	35
$10HD4-75-\frac{750}{1000}-(D)$	75	8	20	42
$10HD4-90-\frac{750}{1000}-(D)$	90	8	24	49
$10HD4-100-\frac{750}{1000}-(D)$	100	10	26	50
$10HD4-125-\frac{750}{1000}-(D)$	125	10	26	60

主要材料表

型号	序号	名称	规格	单位	数量	附注
10HD4	1	角钢	∟$b×t$	根	1	
	2	角钢	∟63×6	根	1	
	3	螺栓	M$d×40$	个	1	
	4	螺母	M18	个	1	
	5	垫圈	18	个	2	

图 2-18　10HD4 10kV 单侧横担加工图

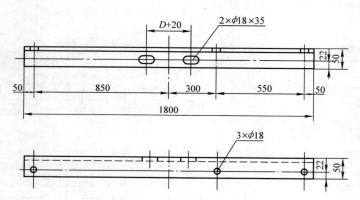

材料表

序号	名称	规格	单位	数量	附注
1	角钢	∟50×5×1800	根	1	

注:热镀锌。

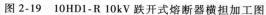

图 2-19　10HD1-R 10kV 跌开式熔断器横担加工图

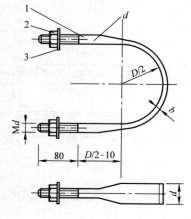

抱箍尺寸(单位:mm)

型号	d	t	b	螺母	垫圈
BU16-(D)	16	33.5	6	M16	16
BU18-(D)	18	36.3	7	M18	18
BU22-(D)	22	39.3	8	M22	22
BU24-(D)	24	45.2	10	M24	24

材料表

序号	名称	规格	单位	数量	附注
1	圆钢	ϕd	根	1	
2	六角螺母	见上表	个	2	
3	垫圈	见上表	个	2	

注:1. 半圆弧间锻打锤扁。
　　2. 热镀锌。

图 2-20　BU U 形 10kV 单横担抱箍加工图

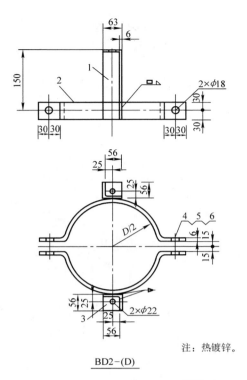

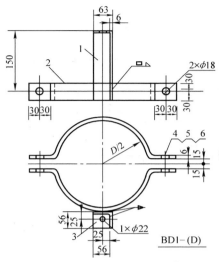

序号	名称	规格	单位	数量 BD1	数量 BD2	附注
1	角钢	L63×6×180	块	1	2	
2	扁钢	−60×6	块	2	2	
3	扁钢	−56×6×56	块	1	2	
4	螺栓	M16×70	个	2	2	
5	螺母	M16	个	2	2	
6	垫圈	16	个	4	4	

注：热镀锌。

图 2-21　$\genfrac{}{}{0pt}{}{BD1}{BD2}$ 10kV 杆顶绝缘子支座及抱箍加工图

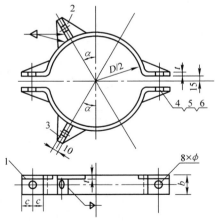

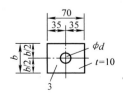

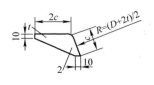

抱箍的尺寸（单位：mm）

型号	t	b	c	d	螺栓	螺母	垫圈
BL2 BL3−16−(D)	6	50	30	18	M16×90	M16	16
BL2 BL3−18−(D)	6	60	30	20	M18×90	M18	18
BL2 BL3−22−(D)	8	80	40	24	M22×110	M22	22

材料表

序号	名称	规格	单位	数量	附注
1	扁钢	−b×t	块	2	
2	扁钢	见图	块	8	
3	扁钢	−b×10×70	块	2	
4	螺栓	见上表	个	2	
5	螺母	见上表	个	2	
6	垫圈	见上表	个	4	

注：1.热镀锌。

　　2.角度 α 取值如下：

BL2−(d)−(D)：8°用于5°~25°线路转角；

BL3−(d)−(D)：18°用于25°~45°线路转角。

图 2-22　BL2、BL3 拉线抱箍加工图

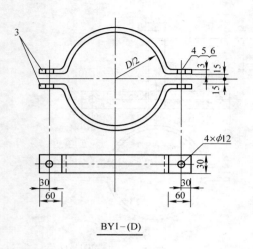

BY1-(D)

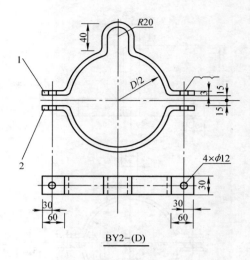

BY2-(D)

注：热镀锌。

材料表

型号	序号	名称	规格	单位	数量	附注
BY2-(D)	1	扁钢	-30×3	块	1	
	2	扁钢	-30×3	块	1	
	4	螺栓	M10×60	个	2	
	5	螺母	M10	个	2	
	6	垫圈	10	个	4	
BY1-(D)	3	扁钢	-30×3	块	2	
	4	螺栓	M10×60	个	2	
	5	螺母	M10	个	2	
	6	垫圈	10	个	4	

图 2-23　BY1 BY2 接地引下线抱箍加工图

抱箍尺寸(单位：mm)

型号	L	S	R_1
BDL1-(D)	210		根据所需的电缆外径确定
BDL2-(D)	60		
BDL3-(D)	45		

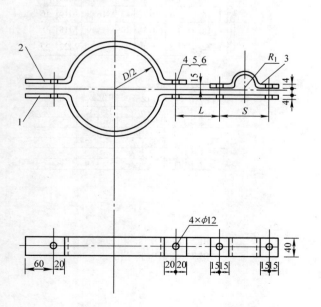

材料表

序号	名称	规格	单位	数量	附注
1	扁钢	-40×4	块	1	
2	扁钢	-40×4	块	1	
3	扁钢	-40×4	块	1	
4	螺栓	M10×60	个	4	
5	螺母	M10	个	4	
6	垫圈	10	个	8	

注：热镀锌。

图 2-24　BDL1、BDL2、BDL3 电缆固定抱箍加工图

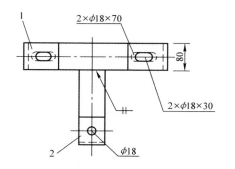
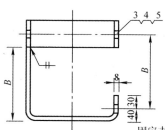

固定支架尺寸表（单位:mm）

电缆终端盒型号	额定电压/kV	电缆标称截面积/mm²	A	B	附注
WDZ	10	25~240	220	160	
WD-232	10	25~50		125	
WD-233	10	70~150	250	173	
WD-234	10	185~240			

序号	名称	规格	单位	数量	附注
1	扁钢	−80×8×1000	块	1	
2	扁钢	−80×8×(290+B)	块	1	
3	螺栓	M16×50	个	3	
4	螺帽	M16	个	3	
5	垫圈	16	个	6	

注:1.本图适用于WDZ型、WD型电缆终端盒。
　　2.热镀锌。

图 2-25　JH2 型电缆终端盒固定支架加工图（一）

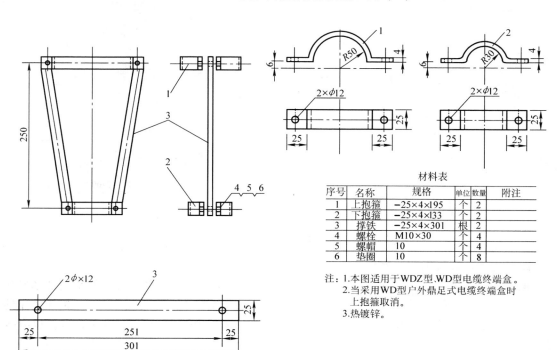

材料表

序号	名称	规格	单位	数量	附注
1	上抱箍	−25×4×195	个	2	
2	下抱箍	−25×4×133	个	2	
3	撑铁	−25×4×301	根	2	
4	螺栓	M10×30	个	4	
5	螺帽	10	个	4	
6	垫圈	10	个	8	

注:1.本图适用于WDZ型、WD型电缆终端盒。
　　2.当采用WD型户外鼎足式电缆终端盒时上抱箍取消。
　　3.热镀锌。

图 2-26　JH2 型电缆终端盒固定支架加工图（二）

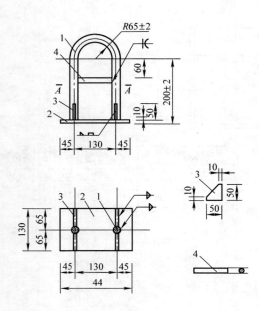

序号	名称	规格	长度/mm	单位	数量	附注
1	拉环	φ24	576	根	1	
2	钢板	-130×10	220	块	1	
3	加劲板	-50×6	50	块	4	
4	加强短筋	φ16	106	根	1	

序号	名称	规格	长度/mm	单位	数量	附注
1	拉环	φ28	572	根	1	
2	钢板	-130×12	220	块	1	
3	加劲板	-50×6	50	块	4	
4	加强短筋	φ20	102	根	1	

序号	名称	规格	长度/mm	单位	数量	附注
1	拉环	φ32	568	根	1	
2	钢板	-130×14	220	块	1	
3	加劲板	-50×6	50	块	4	
4	加强短筋	φ24	98	根	1	

注:1. φ32mm拉环配合LP10使用,φ28mm拉环配合LP8使用,φ24mm拉环配合LP6使用。
　　2. 拉环在加强短筋以上要求热镀锌防腐,其他部分要求将铁锈除净。

图 2-27　拉环加工制作图

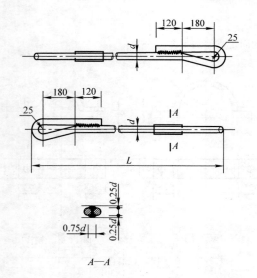

材料表

型号	序号	名称	规格	单位	数量	附注
LB16-(L)	1	圆钢	φ16	根	1	
LB18-(L)	1	圆钢	φ18	根	1	
LB20-(L)	1	圆钢	φ20	根	1	
LB22-(L)	1	圆钢	φ22	根	1	
LB24-(L)	1	圆钢	φ24	根	1	
LB26-(L)	1	圆钢	φ26	根	1	
LB28-(L)	1	圆钢	φ28	根	1	

构件长度 L(单位:mm)

埋深 H/m　拉线角度β	1.2	1.4	1.6	1.8	2.0
45	2400	2700	2970	3250	3530
60	1950	2200	2400	2650	2890

图 2-28　LB 拉线棒制作加工图

四、柜体基础型钢架的制作

柜体基础型钢架一般是现场制作,也有预制的,但为了保证安装的准确性采用现场制作的居多。一是要根据电缆沟沟沿上预埋的地脚螺栓的间隔距离开孔,二是要实测柜体底座的几何尺寸、地脚螺栓的尺寸以及柜的台数。型钢一般选用 10 号槽钢(高 100mm),也有选用 20 号或 30 号槽钢(高 200mm 或 300mm)的;主要是用在多层或高层建筑之中的设备层或无法设置电缆沟的场所,一方面支撑柜体,另一方面增高柜体在地面上的高度,其槽钢底座又可作为电缆或导线敷设的通道。

（一）槽钢的选料

基础槽钢应选用水平度较高的优质型钢，一般不做调直处理。

（二）槽钢的下料及焊接

基础型钢要做成矩形，宽为柜体的厚；长为 n 个柜体的宽的总和再加上 $(n-1) \times (1 \sim 2)$ mm，其中 $(1 \sim 2)$ 为柜体间隙，是根据柜体的制造质量和安装技术的熟练程度决定的，柜体质量高且工人技术高超则选 1，否则选 2。

下料后将端部锯成 45°，在平台上或较平的厚钢板上对接，先点焊好，测量其角度、水平度后即可焊接。不直度为 0.5mm/m，水平度为 1mm/m，全长误差控制在 2‰ 之内，否则不能保证柜体的安装质量。总长一般每超过 3m，即可在中间加焊一根加强连接梁，如图 2-29 所示。对接时要腿朝里，腰朝外，要选择较平的一腿面为上面，另一腿面为下面。

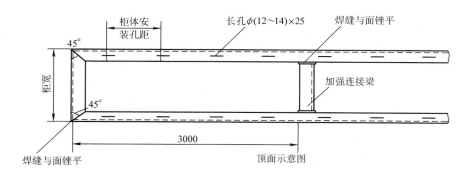

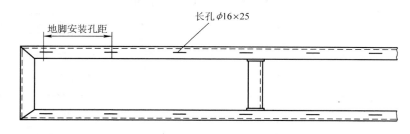

图 2-29　基础型钢制作示意图（底面示意图）

（三）测量开孔位置和尺寸

一是要测量配合土建时预埋的基础槽钢的地脚螺栓的纵横间距和直径，并在槽钢的下腿面上画好地脚的开孔位置；二是要测量柜体地脚螺栓的纵横间距（安装尺寸），并在槽钢的上腿面上画好开孔的位置。这里要注意几个问题：

1）要索取配合土建时的图样资料，进行核对；对碰歪碰坏的地脚要进行修整，必要时要重新埋注。碰歪的地脚可拧上两个螺母，然后用钢管套住扳正；碰坏丝扣的地脚应用相应的扳牙重套一次，否则要重新埋注。

埋注时应先将坏螺栓从根部用气焊割断，然后在旁边用冲击钻钻孔，孔径一般为埋注螺栓的 3 倍。把孔内的灰渣掏尽，用清水洗净，再把螺栓尾部割成鱼尾状，放入孔内，用颗粒状的 500# 水泥砂浆灌注并捣固严实即可。外留尺寸一般为 50mm。

2）槽钢两腿的开孔位置应从同一端开始画线定位；上腿的开孔位置还要注意柜间的

1～2mm 的余量和柜的编号顺序，最好以实物（柜的本体）测量。

3）孔一般为长孔，$\phi(12～14)$mm×25mm，其长向的中心轴线应位于腿宽长向中心轴线上；上腿面的开孔要保证柜体的前面（垂线）和槽钢腰面（垂线）一致，误差为 ±0.5mm。

（四）开孔工具

开孔应用电钻钻孔，然后用锉锉成长孔。一般不得用气割开孔。

（五）防腐处理

先清除焊渣及毛刺，然后用钢刷将内外的铁锈除掉；内外涂防锈漆一道，色漆两道，色漆要和柜体的颜色一致或对应。

做好的成品应进行简单的包装，保持原有状态。在搬运、存放的过程中应轻拿轻放，以防碰撞变形。

五、硬母线的制作

各类开关柜、控制柜的电源母线都是用紫铜板或铝板制成的，有的也用钢板制作，但主要是用做零线或接地线。母线的弯曲制作一般都是冷加工，只有超大截面的才可热加工，但加热的温度不得超过以下规定：铜材——350℃；铝材——250℃；钢材——600℃。

母线的连接可用焊接，也可用螺栓搭接。

（一）母线材料的检查验收

母线材料应有出厂合格证且资料、数据齐全，否则要作物理性能的检验，合格证或检验报告单应装入资料袋内保存，检验项目和要求见表 2-3。

表 2-3　母线的机械性能和电阻率

母线名称	母线型号	最小抗拉强度/(N/mm²)	最小伸长率(%)	20℃时最大电阻率/(Ω·mm²/m)
铜母线	TMY	255	6	0.01777
铝母线	LMY	115	3	0.0290
铝合金管母线	$LF_{21}Y$	137	—	0.0373

母线的表面应光洁、平整、竖直，不得有裂纹、砂眼、折皱及夹杂物，无明显的机械性外伤；管形、槽形母线不得有变形、扭曲现象。用千分尺测量其厚度和宽度应符合标准截面的要求，母线缺陷引起的截面误差，铜材不超过 1%，铝材不超过 3%。

下面介绍一下使用千分尺的方法。

将被测工件固定；将定位器拨向刻度侧，逆时针旋转棘轮，使测轴后移，当两个测量面的距离大于被测工件的宽或厚时，即停止旋转；将被测工件的宽或厚面放入两测量面中，顺时针旋转棘轮；当棘轮发出"咯、咯"的响声后即停止旋转，然后把定位器拨向工件侧，即将测量面夹住固定，如图 2-30 所示，然后读数。先看固定套管所露出来的毫米数是多少，然后再看固定套管中横线对齐活动套管的刻度，如果固定套管露出来的毫米数的尾数没有

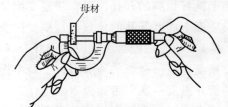

图 2-30　千分尺的使用方法示意图

超过半个格（在中横线上有半格线），即读数为露出来的毫米数加上活动套管与中横线对应刻度，活动套管的刻度为小数点后的刻度；如果固定套管露出来的毫米数的尾数正好是半个

格，这时活动套管与中横线对应刻度应是"零"，读数即为露出来的毫米整数加上 0.5mm；如果固定套管露出来的毫米数的尾数超过半个格，即读数为露出来的毫米数加上 0.5mm，再加上活动套管与中横线对应刻度，如图 2-31 所示。如果中横线正好指在活动套管刻度的格中间，则应将格估计分成等份计入。

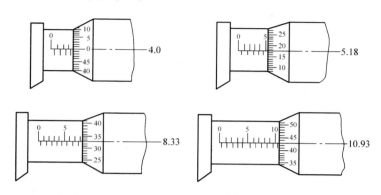

图 2-31　千分尺的读数方法

千分尺是精密量具，应注意使用方法和保养。测量工件时，严禁旋转活动套管，因为这时旋紧后不发出声响，容易拧得太紧，这样一方面测量不准确，另一方面易损坏尺子；严禁测量正在转动、发热或者表面粗糙的工件，这样易损坏测量面。千分尺应保持清洁，不用时应放在盒内，要经常涂油，并把定位器拨向零刻度侧，以免使用时误操作。

（二）母线材料的矫正

对于变形不太大的不平直的材料，在安装前要进行矫正，矫正的方法有手工矫正和机械矫正两种。

手工矫正就是将母材放在平台或平直的工字钢上，用硬质木槌直接敲打弯曲变形部分，使之平直；也可用木槌或垫块（同质金属块或硬木块均可）垫在母线弯曲变形部分的上面，下面是平台或工字钢，然后用大铁锤直接敲打垫块，使母材间接受力而平直。其中平台和工字钢必须光洁平直，上面无任何杂物及小颗粒，用大锤时力量要适中，用力不得过猛，以免伤及母材或发生断裂飞溅伤人。

截面较大或变形大的母材需用母线矫正机进行矫正，矫正机如图 2-32 所示，可将母材置于矫正机的平台上且用丝杠将其压住，然后转动圆盘即可矫正。

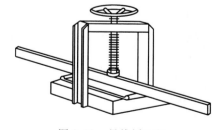

图 2-32　母线矫正机

（三）母线尺寸的测量

母线制作加工前应在其安装现场测量加工尺寸。通常水平或竖直安装的母线，在测量和加工上比较容易，而在弯曲或者水平安装时各段的标高不一致需要拐弯时，以至竖直安装时各段又不在一个垂面上而需要拐弯时，在测量和加工上则应细致进行，尽量减小误差，节约材料，使其美观坚固耐用。

图 2-33 标出了两个不同垂直面上安装一段母线的测量方法，先在两个绝缘子与母线触面的中心各放置一只线坠，然后用尺子量出两条铅垂线的距离 A_1 和两个绝缘子中心的间距 A_2，B_1 和 B_2 可根据实际情况而定，通常尽量把夹角 α 做得大于 90°。将测得的数据在平台

上画出大样图，用此作为加工母线的依据。用时为了节省时间，也可用 ϕ4mm 的铁丝在两个绝缘子之间弯制成图 2-33 中有 α 角的样子，作为加工母线的模型，这样的模型一般做两个，一个用在三相的母线制作折弯上，可使三相做得一致，另一个伸直后作为母线材料的下料依据。

对于一些弯曲较多或者几何图形较复杂的母线，通常都先用铁丝制作模型，然后再用尺子复测距离尺寸，这样能节约很多时间。

母线的直线连接若采用螺栓搭接时，要注意和前后支持绝缘子的距离，连接处距支

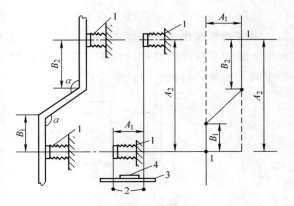

图 2-33　母线的测量方法

1—支持绝缘　2—线坠　3—平板尺　4—水平尺

持绝缘子的支持夹板边缘应不小于 50mm，上面母线端头与其下片母线平弯开始处的距离应不小于 25mm。其中设置平弯的目的是为了保证母线水平或垂直的一致性，下片母线在支持绝缘子处不产生歪斜及应力，如图 2-34 所示。若采用焊接连接时，其焊处应错开支持点，其距离应大于 200mm 以上。

为了运行中检修时拆卸母线的方便，对于较长的母线，可分段制作，并用螺栓连接。分段时应考虑拆卸时的方便，无障碍物且安全等事宜。其他部位不拆卸的连接或是因为母线材料长度不够而需要连接的，通常都采用焊接。对于母线的弯曲

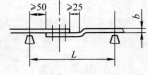

图 2-34　母线搭接

（除必要的以外）应尽量减少弯曲的数量，进而保证母线的强度。因此，在测量时要综合考虑母线材料的长度、分段的长度以及折弯部分的长度，尽量减少连接点，进而减少材料和工时的浪费。

（四）下料

先按测得的尺寸或者模型伸直后的尺寸，在母线材料上用红蓝铅笔画好线，核对无误后即可切割下料。母线的下料通常使用手工铁锯；对于大截面的，有条件时可用电动无齿锯下料。任何情况下严禁用气割下料。下料后将锯口处的棱角用锉锉成圆弧状。有时为了保证安装尺寸的合适和准确，对于需折弯的母线常采用先折弯再下料切割的方法。

（五）折弯

矩形母线的折弯通常有平弯、立弯和扭弯（麻花弯）三种形式，如图 2-35 所示。

平弯是指在母线宽面上折弯，操作比较容易，常用在母线平放时改变母线方向或者立放时改变母线的间距上；立弯是指在母线窄面上折弯，操作困难，常用在母线平放时改变母线的间距或者立放时改变母线的方向上，立弯一般都大于 90°；扭弯

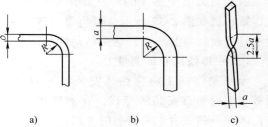

图 2-35　硬母线的折弯

a) 平弯　b) 立弯　c) 扭弯

δ—母线的厚度　a—母线的宽度　R—弯曲半径

是指将宽面扭折 90°，不改变方向，也不改变间距，而是改变宽面和设备端子连接角度，便

于和设备连接，也就是当母线的宽面和设备端子面不平行时，需将母线宽面扭成一定的角度，使之和设备端子的平面而平行，进而便于连接。母线最小允许弯曲半径 R 见表 2-4。

表 2-4 母线最小允许弯曲半径 R

项次	弯曲种类	母线截面积/mm	最小弯曲半径		
			铜	铝	钢
1	平弯	50×5 及以下	$2b$	$2b$	$2b$
		125×10 及以下	$2b$	$2.5b$	$2b$
2	立弯	50×5 及以下	$1a$	$1.5a$	$0.5a$
		125×10 及以下	$1.5a$	$2a$	$1a$
3	圆棒	直径 16mm 及以下	50mm	70mm	50mm
		直径 30mm 及以下	150mm	150mm	150mm

注：a 为母线宽度；b 为母线厚度。

母线弯曲部分与连接处的距离应大于 30mm 以上，从弯曲处开始到瓷绝缘子或支撑点的距离应大于 50mm 以上，但不应超过 0.25L，L 即弯曲处两端支持瓷绝缘子间沿母线中心轴的距离。

母线折弯前应准备好按实际用铁丝弯制好的样板，并在弯曲处做好标记。

1. 平弯的弯制

母线的平弯可用平弯机弯制，平弯机可以自制，如图 2-36 所示。将母线平放并穿入机头的两个滚轮之间，滚轮的间隙可根据母线的厚度调节，一般不宜夹得太紧；校正弯曲部分的尺寸无误后，拧紧丝杠手柄，缓慢按下弯曲手柄，母线即随之弯曲。用力不要过猛，以免产生裂纹。弯曲的同时应用样板比试，以达到合适的弯曲度，严禁弯曲过度。当稍超过样板1/5 厚度时，即应停止弯曲，以免过弯。

截面较小的母线可用手工弯制。将母线夹在台虎钳的钳口内，母材的两侧应垫上硬木块或同质金属板，并将钳口拧紧；然后用手扳动母线的根部并用木槌敲打，即可弯到合适的角度，弯曲时同样应用样板比试。手工弯制时要注意使宽面的两侧弯曲一致，并把弯曲侧的垫块按弯曲半径做成圆弧形，以达到理想的角度和弯曲半径。

2. 立弯的弯制

母线的立弯应用立弯机弯制，立弯机也可自制，如图 2-37 所示。将母线立放插入夹板并使弯曲部分的中点对正千斤顶的中心轴线，上好合适的弯头，拧紧夹紧螺栓然后核对无误后，即可操作千斤顶，将母线顶弯。操作时要仔细观察，发现不适应停止操作。要正确合理选择弯头，见表 2-4。

截面较小的母线也可用手工弯曲，但工艺较复杂。先将母线平放于平台上，弯曲部分的一端用螺栓卡死，另端套入较长的扁形手柄内，扁形手柄应和被弯曲的母线截面积对应，一般能插进即可。将样板置于弯曲部分的内侧并用螺栓固定，样板可用母线同质金属板制成，样板相当于上述的弯头，制作时要按表 2-4 选择弯曲半径；然后用母线同质金属的锤子敲打弯曲部分的外边使其延伸，敲打的同时用力向内侧搬动手柄使母线弯曲，边敲边搬，不得操之过急，用力不得过猛，用力的方向应和平台面一致，直至弯成为止。敲打时可用两个锤子同时敲打，并和搬动手柄协调一致。

3. 扭弯的弯制

扭弯的工具是扭弯器，也可自制加工，如图 2-38 所示。使用时，先将母线需扭弯部分

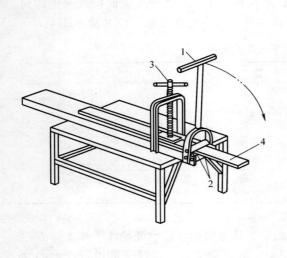

图 2-36　自制平弯机示意图
1—手柄　2—滚轮　3—压力丝杠　4—母线

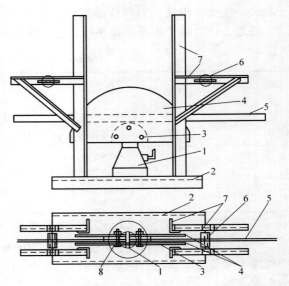

图 2-37　自制立弯机示意图
1—千斤顶　2—槽钢　3—弯头　4—夹板　5—母线
6—挡头　7—角钢　8—夹板螺钉

的一端用台虎钳夹紧，注意垫铝板或硬木板；另一端用扭弯器夹住，用恒力扭动手柄即可扭成所需的形状。手动扭弯器一般只能弯制 100mm×8mm 以下的铝母线，否则应用气焊加热，并用点式温度计测温，温度不能超过规定数值。扭弯 90°时，扭弯部分的全长不应小于母线宽度的 2.5 倍。

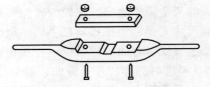

图 2-38　扭弯器示意图

（六）开孔

母线与电气设备的连接或者母线本身需要拆卸的接头以及母线和支持绝缘子的固定都是用螺栓紧固的，其螺栓在母线上的分布尺寸和孔径的大小应符合表 2-5 的规定。

表 2-5　矩形母线搭接要求

搭接形式	类别	序号	连接尺寸/mm			钻孔要求		螺栓规格
			b_1	b_2	a	ϕ/mm	个数	
	直线连接	1	125	125	b_1 或 b_2	21	4	M20
		2	100	100	b_1 或 b_2	17	4	M16
		3	80	80	b_1 或 b_2	13	4	M12
		4	63	63	b_1 或 b_2	11	4	M10
		5	50	50	b_1 或 b_2	9	4	M8
		6	45	45	b_1 或 b_2	9	4	M8
		7	40	40	80	13	2	M12
		8	31.5	31.5	63	11	2	M10
		9	25	25	50	9	2	M8

（续）

搭接形式	类别	序号	连接尺寸/mm			钻孔要求		螺栓规格
			b_1	b_2	a	ϕ/mm	个数	
	垂直连接	10	125	125		21	4	M20
		11	125	100~80		17	4	M16
		12	125	63		13	4	M12
		13	100	100~80		17	4	M16
		14	80	80~63		13	4	M12
		15	63	63~50		11	4	M10
		16	50	50		9	4	M8
		17	45	45		9	4	M8
		18	125	50~40		17	2	M16
		19	100	63~40		17	2	M16
		20	80	63~40		15	2	M14
		21	63	50~40		13	2	M12
		22	50	45~40		11	2	M10
		23	63	31.5~25		11	2	M10
		24	50	31.5~25		9	2	M8
		25	125	31.5~25	60	11	2	M10
		26	100	31.5~25	50	9	2	M8
		27	80	31.5~25	50	9	2	M8
		28	40	40~31.5		13	1	M12
		29	40	25		11	1	M10
		30	31.5	31.5~25		11	1	M10
		31	25	22		9	1	M8

　　开孔应使用台钻或钻床，先在母线上画出开孔的位置，并用点冲子在孔的中心冲眼，然后夹紧在钻台上开孔。较厚的母线应浇注机油，孔径一般不大于连接螺栓直径1mm，孔位应准确、垂直。开孔后用圆锉将毛刺除掉，孔口要光滑。任何情况下严禁用气割开孔。

　　（七）连接

　　1. 螺栓搭接

　　搭接包括触面的处理和紧固螺栓两步，其中触面处理是很重要的一步，也是安装者常常忽视的一步。由于氧化作用和电化作用常使母线的接触面产生氧化物，增大接触电阻，直接影响母线的运行。因此，电气工程中规定，螺栓连接处的接触电阻，不得大于同长度同截面同质材料的20%，安装操作上也有一定的技术要求。

　　（1）触面处理　在现场制作时常使用母线平整机或手工锉处理触面。

　　母线平整机实际上是一个千斤顶和两块用磨床磨光的50mm厚的钢块，使用时将触面夹于钢块之间，用千斤顶顶死，逐渐操作千斤顶，进而使触面压平。压好后应用平尺检验，合格后再用金属刷清除表面的氧化膜即可。用平整机处理触面如图3-39所示。

　　手工锉处理触面，要求操作者有较高的钳工操作水平，并随时用平尺检验，合格后即停止锉动。有条件的情况下，处理触面应用铣床或刨床，效率高、效果好。手工锉和机床处理触面，母线截面都有所减小。电气工程中规定，铜材不得减少原截面的3%，铝材不得减少原截面的 5%。

无论采用哪种方法，触面处理之后，对于铝母线应随即涂上一层中性凡士林，因为铝极易氧化，如加工后不立即安装，触面处应用牛皮纸包好；对于铜母线则应搪锡处理。

搪锡也称镀锡、刷锡、蘸锡，是电气安装工程中常见的防腐工艺，方法也很简单。在现场安装中，准备一口铁锅，或者用 $\phi100mm$ 钢管一截，长 150～200mm 即可，底部用钢板焊好堵死，将内部用砂纸清除干净，把锡块或锡放入，从底部加热使锡熔化即可。在现场常用酒精喷灯或炉火加热。锡熔化后，用小铲将上部的杂质取掉，把铜母线需要搪锡的部

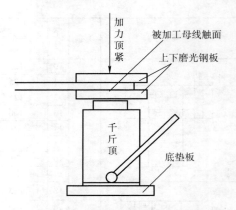

图 2-39　处理母线触面示意图

位用砂纸打磨出金属光泽，一定要均匀，然后涂上焊药，同样要均匀；涂好后将其插入锡液中去，这时还应继续加热，插入时间根据截面大小而定，小截面的一般为 1～3s，大截面的一般为 5～10s；拿出后用棉丝将表面的杂物擦掉，即可露出锡的光泽。

喷灯的使用方法较简单，但不得操之过急。先将燃料加好，但不要太满，一般有 2/3 即可，并把油门关死；再将旧棉丝置于喷头之上，并把棉丝点燃，为了好点燃可蘸一点酒精或汽油，如是冬季则应点燃的时间长一点；然后边点燃边操作气筒打气，打气时不要时间太久，最好使用带小气压表头的喷灯；当喷头被烧得很热时，即可逐渐打开油门，液体喷出即燃烧起来，火焰的大小可用油门控制，使用一会儿还应再打气，边使边打。用喷灯加热，应使用火焰的中部，同时应注意安全，详见本丛书《怎样编制电气及自动化工程施工组织设计》分册。

随成套开关柜配套供应的母线已由厂家将触面加工好，如无设计变更，直接安装即可，不必再加工。

（2）螺栓搭接的技术要求　母线与母线或者母线与电气设备的端子的螺栓搭接应符合表 2-5 的要求，并做到以下几点：

1）母线连接用的机制紧固螺栓及辅件应符合国家标准，螺栓、螺母、锁紧螺母、弹簧垫圈、平光垫圈必须全部镀锌，螺杆和螺母的螺纹配合应一致且紧密无松动现象。不得使用手工加工的螺栓。

2）加工好的接触面应保持洁净，严禁机械碰撞。安装时将包触面的牛皮纸取掉，用干净的棉丝将中性凡士林擦净，和规定的母线搭接好后立即紧固螺栓。

3）母线平置时，螺栓应由下向上穿过螺孔；立放时应由内向外穿过螺孔；其他情况螺栓的穿入应便于维护，螺栓的长度宜为紧固后露出螺母 2～3 扣，不宜太长。

4）螺栓的两侧均应有平光垫圈，螺母侧还应有弹簧垫圈或使用锁紧螺母；相邻螺栓的垫圈间应有 3mm 以上的净距，因此开孔时要综合考虑。

5）螺栓受力应均匀适中，不应使电器端子受到额外的应力；触面上多条螺栓的紧固应轮流紧固或对角线紧固，即每条螺栓紧固一圈则换位紧固另一条螺栓，进而使每条螺栓逐渐紧固；螺母不得拧得太紧，紧度应适中，通常应使用力矩扳手紧固；螺栓和力矩扳手的对应关系应符合表 2-6 的规定；紧好后应用 $0.05mm \times 10mm$ 的塞尺检查。

表 2-6　钢制螺栓的紧固力矩值

螺栓规格/mm	力矩值/N·m	螺栓规格/mm	力矩值/N·m
M8	8.8~10.8	M16	78.5~98.1
M10	17.7~22.6	M18	98.0~127.4
M12	31.4~39.2	M20	156.9~196.2
M14	51.0~60.8	M24	274.6~343.2

母线宽度在 63mm 及以上者不得塞入 6mm，宽度在 56mm 及以下者不得塞入 4mm。

6）铜母线和铜母线在干燥场所可直接搭接，但一般情况都应搪锡，在其他场所必须搪锡；铝母线和铝母线一般直接搭接，也可搪锡；钢母线和钢母线搭接必须搪锡或镀锌；铜母线和铝母线搭接，干燥场所铜母线应搪锡，否则应有铜铝过渡措施，一般采用铜铝母线短节；钢母线和铜或铝母线，钢应搪锡或镀锌，铜应搪锡；封闭母线螺栓搭接应镀银。

7）母线用螺栓连接后，将连接处外表面的油污用汽油或酒精棉丝擦净，并再用干净棉丝擦干，经风吹干后，在表面和缝隙处涂上 2~3 层能产生弹性薄膜的透明清漆，以保证接点封闭良好。

2. 焊接连接

母线的螺栓搭接其接触电阻较大，运行中容易发热。采用焊接可消除以上缺陷，但技术和设备要求较高，费用较大。因此，一般情况下不拆卸的连接点及由于母线长度不够而连接另段母线的接点都必须采用焊接连接，母线的焊接一般采用对口焊接。

焊接母线的方法很多，常用的有气焊、电弧焊、碳弧焊、气体保护焊及闪光焊等。工程中要根据安装条件、母线的材质和截面积、具体技术要求等选择合适的焊接方法。

（1）对焊工的要求

1）焊工必须是有焊接母线经验的，并由经考试合格的正式焊工担任，焊接母线前应经实际考试合格。

2）考试用的试样及其材料、接头型式、焊接位置、工艺及焊接设备等，应与实际安装的项目相同。

3）焊接试样中任取一件，按下列项目进行物理性能检验；当其中一项不合格时，应加倍取样重复试验；如仍不合，则断定为考试不合格，禁止正式焊接。

① 表面及断口检查。断口可用铁锯将焊缝锯开或用材料试验机拉断检查，焊缝中不得有任何程度的裂纹、未熔合、根部未焊透或未焊全等情况；焊缝表面的凹陷、气孔、夹渣等缺陷的总面积不得大于母线截面积的 2%；有条件的亦可用 X 光射线探伤仪进行无损探伤检验。

② 接头的直流电阻应不大于截面和长度相同的原金属的电阻值。

③ 焊缝抗拉试验。铝母线不得低于 $65N/mm^2$，铜母线不得低于 $140N/mm^2$，铝锰合金母线不低于 $130N/mm^2$。

（2）母线焊接的工艺程序

1）用机械法或化学法将焊接部位的油污清理干净，并按材质、板厚、焊接设备、现场条件加工坡口和钝边。

2）将加工好的母线置于焊接平台或垫板上，然后预热焊接部位。

3）涂抹焊药于焊接部位。

4）施焊。

5）冷却和成品保护。

（3）焊口焊接前的处理

1）铜母线的处理：一般情况，对口焊接的母线，宜有 60°～80° 的 V 形坡口，1～2mm 的钝边，如图 2-40 所示；截面较小，厚度 δ 不超过 5mm 的可不打坡口，对焊时应留有不大于 0.5δ 的间隙，如图 2-40 所示；截面较大，厚度 δ 超过 25mm 的应将坡口做成 X 形的，如图 2-40 所示，并采用双面焊。

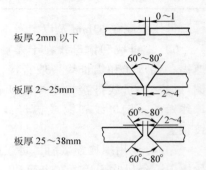

图 2-40　铜母线对焊坡口的加工

坡口的加工一般应用刨床或刨边机，量小时也可用手工锉或砂轮机加工，但应符合图样要求。

坡口打好后，用稀盐酸或洗涤剂加温水后将坡口两边的油污清洗干净，并用清水冲洗；风干后，用 0# 砂布将坡口两边的氧化铜、斑疵打磨掉，使表面均匀露出铜材的金属光泽。清洗和打磨的范围，一般在坡口两边各 20～30mm；截面较大、板厚超过 20mm 的，则应在 50mm 左右。

2）铝母线的处理：铝母线的坡口及加工同铜母线，只是 V 形开口在 60°～70°。

铝母线的清洗一般先用 60～80℃ 的热水将铝母线端部焊口处清洗，洗后用 1% 氢氧化钠、5% 磷酸钠、3% 水玻璃混合物，并将其加热到 60～70℃，涂刷坡口两侧，然后用干净热水洗净，风干后再用 10% 稀硝酸溶液侵蚀，待铝板露出金属光泽后用清水洗净即可，范围同上。清洗铝材一般可不用砂布打磨。

有时在现场可用钢刷将铜板的锈迹氧化物及铝板的氧化物清除干净，露出金属光泽来。任何时候任何人都不得用砂轮打磨母材。

（4）焊药及其选择　焊药又称助焊剂、助熔剂、焊粉，它是焊接过程中的重要辅助材料。它的作用是和原金属中的氧、硫化合，使金属还原，并驱除焊接过程中所形成的氧化物及杂质，防止金属继续氧化。它能补充有利元素，起到合金的作用；同时有保温作用，能使焊缝缓慢冷却，改善接头的结晶组织，进而得到符合技术要求的接头。因此，要求熔剂的比重要小，熔点要低，粘度要小，能比金属先熔化且浮于金属表面，保护金属不再氧化并起到保温作用；熔剂的化学性能要活泼，易和金属中的氧化合形成熔渣，使金属还原；熔剂应对金属无腐蚀作用，其熔化后的颜色要浅，便于透过液体熔剂观察金属的熔化情况。

1）铜焊药的主要成分是硼砂（即 301），市场上有成品出售，也可按表 2-7 中的成分配制。配制时应先烘干，然后碾细过筛，装瓶密闭保存，严禁受潮。铜焊药极易受潮，因此在使用前必须烘干处理；烘干应用烘箱，温度不大于 120℃，时间一般为 1h。

表 2-7　铜焊药的组成成分

名称	化学分子式	质量分数（%）
硼砂	$Na_2B_4O_7$	68
磷酸氢钠	$Na_2HP_4O_7$	15
二氧化硅	SiO_2	15
木炭	C	2

2）铝焊药（即 401）由氯化钾、氧化钠、氯化锂等多种化学药品组成，市场上有成品出售，也可按表 2-8 中的成分配制。如在阴雨天气或沿海地区，应采用吸潮性小的中性焊药，即硼砂 45%、氯化钾 20%、硝酸钾 18%、硫酸钾 18%、氯化钠 12%，经 80 ~ 100℃烘干，碾细过筛混合后密闭保存。此药腐蚀性小，焊后不必仔细清洗；但熔化氧化物的能力小，焊接速度应慢一点。同样铝焊粉受潮后应烘干处理。

（5）焊丝及其选择　焊丝就是采用气焊焊接或碳弧焊、氩弧焊时，在焊缝中的充填物，焊丝的化学成分应与被焊工件基本相同，不得混入杂物；焊丝的表面应清洁、无油脂、无锈痕、无油漆等脏物，否则应按母线焊口焊接前的处理方法进行处理；焊丝的熔点应与被焊工件的熔点相近，熔化时不得有强烈的喷溅和蒸发；焊丝所焊成的焊缝应具有优良的力学性能，内部质地良好，无裂纹、气孔夹渣等缺陷。

表 2-8　铝及铝合金用焊药

名称	焊药成分（质量分数）（%）			
	1	2	3	4
氯化钠	28	30	—	45
氯化钾	50	40	40	30
氯化锂	14	—	—	10
氟化钠	28	30	—	45
氯化钡	—	—	40	45

1）铜焊丝的牌号很多，但为了防止氧化和氢的熔解，常采用含有磷、硅、锰等脱氧剂的焊丝，牌号有 201、202，见表 2-9；焊丝的直径应按母线的厚度选择，见表 2-10。

表 2-9　铜及铜合金焊丝

牌号	名称	焊丝成分（质量分数）（%）	熔点/℃	焊缝抗拉强度 σ_b/（N/cm²）			主要用途
				母材	合格标准	一般值	
HS201	特制紫铜焊丝	锡 1.0 ~ 1.2 硅 0.35 ~ 0.5 锰 0.35 ~ 0.5 磷 0.1 铜余量	1050	紫铜	180	210 ~ 240	适用于紫铜的氩弧焊及氧-乙炔气焊时作为填充材料。焊接工艺性能良好，力学性能较高
HS202	低磷铜焊丝	磷 0.2 ~ 0.4 铜余量	1060	紫铜	180	200 ~ 230	适用于紫铜的碳弧焊及氧-乙炔气焊时的填充材料
HS221	锡黄铜焊丝	锡 0.8 ~ 1.2 硅 0.15 ~ 0.35 铜 59 ~ 61 锌余量	890	H62 黄铜	340	380 ~ 430	适用于氧-乙炔气焊黄铜和钎焊铜，铜镍合金、灰铸铁和钢，也用于镶嵌硬质合金刀具
HS222	铁黄铜焊丝	锡 0.7 ~ 1.0 硅 0.05 ~ 0.15 铁 0.35 ~ 1.20 锰 0.03 ~ 0.09 铜 57 ~ 59 锌余量	860	H62 黄铜	340	380 ~ 430	用途与 HS221 相同，但流动性较好，焊缝表面略呈黑斑状，焊时烟雾少
HS224	硅黄铜焊丝	硅 0.30 ~ 0.70 铜 61 ~ 69 锌余量	905	H62 黄铜	340	380 ~ 430	用途与 HS221 相同。由于含硅5% 左右，气焊时能有效地控制锌的蒸发，清除气孔，得到满意的力学性能

表 2-10　焊丝直径及母线厚度

母线厚度/mm	焊丝直径/mm	气焊焊嘴号码	母线厚度/mm	焊丝直径/mm	气焊焊嘴号码
<1.5	1.5	H01-2　4#~5#	5~8	3~5	H01-12　2#~3#
1.5~2.5	2	H01-6　3#~4#	9~15	5~6	H01-12　3#~4#
2.5~4	3	H01-12　1#~2#	15 以上	6~8	H01-20　3#~5#

2) 常用的铝焊丝有 301 和 311，见表 2-11。焊接硬铝时，采用与被焊接金属相近的焊丝很容易裂，必须采用含硅量在 4%~6%（质量分数，下同）的铝硅焊丝；焊接含镁量小于 40% 的铝锰合金时，必须选用含镁量 5% 的铝镁焊丝。焊丝的直径应按母线的厚度选择，见表 2-12。

表 2-11　铝焊丝牌号及成分

统一牌号	名称用途	化学成分(%)(质量分数)					熔点/℃	母材	抗拉强度/(kN/cm²)	
		镁	锰	硅	铁	铝			及格标准	一般值
HS301	纯铝丝					99.6	660	纯铝	6.5	7~8
HS302	铝焊丝			<0.2	<0.25	99.5	660	纯铝	6.5	7~8
HS311	铝硅合金丝			4~6		余量	580~610	铝锰 LF₂₁	12	12~14
HS321	铝锰合金丝		1.0~1.6			余量	643~654	铝锰 LF₂₁	12	12~14
HS331	铝镁合金丝	4.7~5.7	0.2~0.6	0.2~0.5	≤0.4	余量	638~660	铝锰 LF₅	20	22~26

注：1. HS301、HS302 适用于纯铝气焊、氩弧焊及碳弧焊及要求不高的铝合金构件。
　　2. HS311 是一种通用性焊丝，焊时其流动性较好，有较高的抗裂性和机械强度。
　　3. HS321 适用于铝锰合金，有良好的抗腐蚀性和机械强度。

在选择焊丝时，如无合适的或市场购不到时，则可从母线上剪切成细条状经处理后使用，截面积应按表 2-12 中的直径换算。焊接前焊丝应用细砂布打磨出金属光泽，必要时先进行清洗处理。

表 2-12　焊丝直径及母线厚度

母线厚度/mm	焊丝直径/mm	气焊焊嘴号码	母线厚度/mm	焊丝直径/mm	气焊焊嘴号码
<1.5	2	H01-6　2#	5~10	4~8	H01-12　2#~3#
1.5~3.0	3	H01-6　2#~3#	10~20	8~15	H01-12　3#~5#
4~5	3~4	H01-6　4#~5#			

（6）焊条及其选择　焊条就是采用电弧焊时，在焊缝中的充填物。焊条的技术要求同焊丝，焊条和焊丝的不同之处就是焊条的外皮上已涂上了焊药，其焊芯和焊丝的主要成分是基本相同的，但是焊条的焊芯已添加其他脱氧剂，有硅、锰、磷、镍、锌、铁等。

1) 铜母线的焊接常用的焊条见表 2-13，一般采用铜 107；其直径的选择应按母材厚度和焊接设备选择，见表 2-14。

表 2-13　铜焊条类别及用途

型号	统一牌号	电源极性	熔敷金属化学组成类型	焊接适用范围
TCu	铜 107	直流反接	Cu≥99% 的铜	铜结构、紫铜
TCuSi	铜 207	直流反接	Si 约 3% 的硅青铜	铜、硅青铜、黄铜
TCuSnA	铜 217	直流反接	Sn 约 6% 的磷青铜	磷青铜、铜、黄铜
TCuSnB	铜 227	直流反接	Sn 约 8% 的磷青铜	磷青铜、铜、黄铜
TCuAl	铜 237	直流反接	Al 约 8% 的铝青铜	铝青铜、其他铜合金
TCuMnAl	铜 307	直流反接	Al 约 6%、Mn 约 10% 的铝青铜	白铜

表 2-14 铜焊条直径及母材厚度

板厚/mm	焊条直径/mm	焊接电流/A	备 注
2	3.2	120 ~ 140	预热 400 ~ 500℃
3	3.2	120 ~ 140	预热 400 ~ 500℃
4	3.2	150 ~ 170	预热 400 ~ 500℃
5 ~ 10	5	180 ~ 200	预热 400 ~ 500℃

2）铝母线的焊接常用的焊条见表 2-15；其直径的选择应按母材的厚度及焊接设备选择，见表 2-16。

表 2-15 铝焊条类别及用途

型号	统一牌号	电源极性	焊芯化学组成类型
TAl	铝109	直流反接	Al≥99.5% 的铝
TAlSi-1	铝209	直流反接	Si 约 5% 的铝硅合金
TAlMn	铝309	直流反接	Mn 约 1.0% ~ 1.5% 的铝锰合金

表 2-16 铝焊条直径及母材厚度

板厚/mm	焊条直径/mm	焊接电流/A	备 注
2	3.2	70 ~ 90	85A
3 ~ 6	4	100 ~ 130	115A
7 ~ 8	5	130 ~ 150	140A
10	6	150 ~ 190	170A

（7）焊接方法及设备的选择 截面积较小的铜或铝母线接头（一般 5mm 厚以下的母材）常用气焊焊接；气焊的设备较简单方便，主要有氧气瓶及氧气、乙炔瓶及乙炔气（电石乙炔气筒已淘汰）、焊炬及焊把、减压器及把线等。

截面积较大的铜或铝母线的接头（一般 10mm 左右厚的铜或铝母材）常用电弧焊焊接；电弧焊的设备主要有直流电焊机、焊钳、面罩、把线等，此外必须有 220/380V 的电源。

厚度大于 10mm 及以上截面很大的铜铝母线应采用碳弧焊或气体保护焊（主要指氩弧焊），有条件的应采用闪光焊。

碳弧焊的设备主要有直流电焊机、气焊工具（预热用）、石墨板、碳精极及挡块、焊钳、把线、石棉板等，此外应有 220/380V 的电源。

氩弧焊的设备主要有交流或直流焊机及控制柜、气焊工具（预热用）、氩气瓶及氩气、导气管，钨极焊把及把线、供水水源等，此外应有 220/380V 电源。

闪光焊设备价格昂贵，通常工业制造厂或电气开关厂才具备。

具体焊接方法的选择主要看其工作现场、财务能力、技术状况等，上述的选择方法不是绝对的，有时电弧焊和气焊也能完成大截面母线的焊接，这主要取决于焊工的焊接技术及焊接工艺的制定、实践经验的总结等。

（8）硬母线的气焊焊接方法

1）铜母线的气焊。气焊把和焊嘴应选用比同规格钢板焊接用的大一号或两号。将处理干净的铜母线放在平垫板上组对，对口应平直，其弯曲偏移不应大于 1/500，中心轴线偏移不得大于 0.5mm，如图 2-41 所示；垫板是由开槽的铸铁或普通厚钢板制成，要平整，如图 2-42 所示。

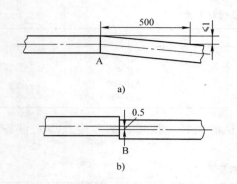

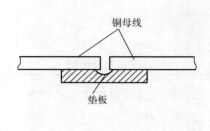

图 2-41　对口偏差　　　　　　　　　　　　　图 2-42　焊接垫板示意图
a) 对口允许弯折偏移　b) 对口中心线允许偏移

　　铜母线焊接采用中性焰（中性焰就是氧气与乙炔气的比例适中（即 1:3），能获得较高的温度；如氧化焰中氧气比例大（大于 1:3），虽然能获得很高的温度，但易氧化不利焊接，易生成氧化亚铜脆性夹杂物，生成气孔和裂纹；碳化焰（即小于 1:3）会使焊缝中熔氢量增加，也会生成气孔和裂纹）。先预热铜焊丝 201，使其加热后蘸上一层铜焊粉 301；然后预热焊口处，截面较小的母线应加热到 400 ~ 500℃。这时紫铜板表面起波发黑，用木棍划一下手感发滑，即被烧焦；也可用点温计测量，加热长度应为母线宽度的 2 倍以上。大于 5mm 的母线应再用一套焊把加热，预热温度达 700℃左右，预热长度 500mm，同时边焊边加热。

　　焊口达到预热温度后，即把铜焊粉 301 撒于焊口上，同时将焊丝的端部和焊口的两个端部多蘸些焊粉，然后进入焊接。厚度小于 5mm 的宜采用左焊法，大于 5mm 的宜采用右焊法；有时为了保证熔透并填满坡口，可将焊件一边垫起，形成倾斜约为 10°的上坡焊。

　　左焊法就是指在焊接过程中，焊丝与焊嘴由焊缝的右端（操作者右手持焊把，左手持焊丝，面对焊缝）向左端移动，焊丝位于火焰的前方，焊嘴指向焊接前进方向，如图 2-43 所示；右焊法是指焊丝与焊嘴由焊缝的左端向右端移动，焊丝位于火焰的后方，焊嘴指向焊好部分而焊丝指向前进方向，如图 2-43 所示。

　　在起焊点处，焊嘴倾角要大一点，并使焊嘴往复运动，以增大热量且加热均匀；焊接过程中倾角要适当减小，左焊法一般为 30°~40°，右焊法为 45°~55°；结束时更要减小，一般应小于 30°，如图 2-44 所示。

　　填充焊丝时，当其熔滴送入熔池后，立即将焊丝抬起，让火焰向前移动，形成新的熔池，并继续加入焊丝。焊丝应保持在焰心前端，使熔滴连续加入熔池。在焊接过程中，焊嘴和焊丝应作均匀协调的摆动。通常焊嘴在沿焊缝向前移动的同时，应在垂直焊件的方向作上下运动、沿焊缝做横向运动或作圆圈移动。而焊丝除向前移动外，要配合焊嘴作小幅度的运动，并搅拌熔池，挑出熔渣。焊嘴和焊丝的摆动方法与幅度，由工件厚度、材质、焊缝尺寸而定，如图 2-45 所示。

　　焊接铜母线应注意事项：

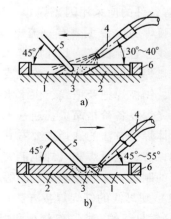

图 2-43　铜母线的气焊方法
a) 左焊法　b) 右焊法
1—母线端头　2—焊缝裹埋焊的金属
3—熔坑　4—焊嘴　5—焊条　6—碳精块

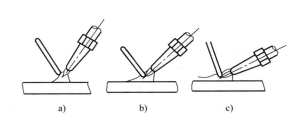

图 2-44　不同焊接阶段焊嘴的倾角
a）预热　b）焊接　c）收尾

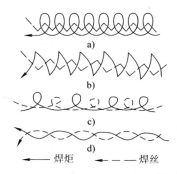

图 2-45　焊炬与焊丝在焊接中的摆动方向
a）、b）适用于较厚的焊件
c）、d）适用于较薄的焊件

① 为了减少铜的高温氧化，一般情况下火焰的焰心末端离焊件表面的高度要比焊接钢板稍高一点，为 4～6mm。

② 熔池温度的判断，看到坡口处熔化液体冒泡，说明温度未达到；铜液发亮无气泡时，即温度达到，即可投入焊丝焊接。温度未到时，应不断用蘸有焊粉的焊丝向焊接处熔敷焊粉。

③ 铜液流动性大，焊把运动要快，火焰围绕熔池上下左右运动、画圈时，要注意火焰的吹力，防止铜液四溅或散开。

④ 厚度小于 5mm 时，每道焊缝应一次焊完；大于 5mm 时，应两次或多次焊完，焊第二次前必须清理焊渣。清理焊渣时应使母线冷却后进行，一般应低于 300℃。通常用钢刷或万向角磨机清理，应打磨出金属光泽为止，再用皮老虎吹净，然后重新预热、加焊粉按前述焊接。

⑤ 焊丝的长度应保证每一道焊口焊完，焊丝宜选长一点的；不够长时，应预先接好，中途不得更换焊丝。

⑥ 焊接过程中，要严禁铜母线受到外力撞击或振动，以避免接头位移、变形、折断开裂或铜液流失。

⑦ 焊缝两端要多熔化些焊丝，以防止冷却后收缩变形。

⑧ 焊接完后不得立即移动母线，以免产生裂纹或断裂。自然冷却或加热至 500～600℃ 时，可用锤轻击再加冷水急冷至常温。但小于 5mm 厚的母线焊完后可稍冷后即用小锤轻击，然后自然冷却至常温。

⑨ 冷却后的铜母线应清除焊缝表面的熔渣，通常用 60～180℃ 的清水刷洗，通过清除往往会发现焊接的缺陷。

⑩ 焊完后要经质检人员检验验收，焊缝应符合质量标准。

2）铝母线的气焊。铝和铜的性质不同，因此要特别注意。铝虽熔点低，但易产生三氧化二铝，其熔点高达 2050℃，比重较铝大，焊接过程中易夹在铝液中或沉入熔池底部，很难排出；液态铝可熔解大量的氢，易使焊件产生气孔；铝件焊接变形大，会使得焊口产生裂纹；铝在 400℃ 左右时强度很低，接近熔点时性质很脆，会造成塌陷和熔池下漏烧穿，遇到轻微的撞击就会毁坏；铝熔化时，没有明显的颜色变化，温度不易掌握，铝液流动性大，容易造成铝液流失，导致塌陷。综上所述，铝的焊接必须采用经实践证明确实是正确的焊接方法，并有可靠的防护措施，才能把接头焊好。

厚度在 5mm 以下时，可用比焊碳钢略小一点的焊把和焊嘴；大于 5mm 厚时，应选用比焊碳钢大一号的焊把和焊嘴，必要时还应有一套预热焊把。

焊接火焰应用中性焰或轻微碳化焰，为了防止铝的氧化，严禁氧化焰。

焊丝选用铝焊丝 301，将处理好的焊丝先烘烤除去潮气，再将铝焊粉 401 用酒精或蒸馏水调成糊状（每 100g 焊粉加 50g 酒精或蒸馏水），可加微热，然后用小刷刷于焊丝上，并加热烘干。刷时要均匀，厚度一般为 0.5 ~ 1.2mm。要随用随调，放置后容易失效。

将处理好的母线按图 2-41 组对好，开始预热；对于小于 5mm 厚度的铝母线可不必预热，厚度大于 5mm 的厚大母线，应用几个焊把同时预热，使其胀缩均匀、防止裂纹、减少变形。预热温度一般为 250 ~ 350℃，可在预热区多划几道蓝色粉笔线，当颜色逐渐减退，线条的颜色与铝相近时即可继续加热熔化铝材进行焊接。有条件的应用点温计多点测试温度，以免过热。

铝母线的焊接应选用两个起焊点，如图 2-46 所示，第一个起焊点是从距右端 40 ~ 50mm 的 A 点按箭头方向一直焊到左端，然后再从 B 点第二个起焊点向相反方向焊接至右端，接头处应重合 20 ~ 30mm。先把糊状焊粉刷于坡口上即可焊接。

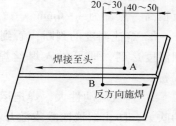

图 2-46　起焊点的确定

焊接方法基本与铜焊相同，薄母线采用左焊法，以防过热烧穿；厚母线采用右焊法，以便观察熔池的温度和铝液的流动情况。

火焰的运动有两种情况。一是做上下摆动的前移，摆动幅度 3 ~ 4mm，如图 2-47a 所示。焊丝位于熔池的前沿，并做轻微的上下跳动，但与焊嘴的方向相反。这样火焰下时使铝熔化，并吹成熔池，火焰上时与焊丝相遇，使其熔化滴入熔池，熔池有冷却的机会而不致产生下塌现象。这种方法适合于 5mm 以下的铝母线。二是焊嘴保持一定高度，对准熔池直线前移，高度 3 ~ 5mm，而焊丝在火焰范围内做上下摆动，如图 2-47b 所示。下去时焊丝插入熔池形成熔滴填充焊缝，并拨开表面氧化膜，随即又从熔池抽出，这样机械地破坏熔池表面的氧化膜，搅动熔池使杂质浮起排出，形成良好的焊缝。这种方法适合于 5mm 以上的厚板。

同时应注意以下几点：

① 在焊接过程中，对于薄板应不断用焊丝试探性地拨动金属表面，如感到其带有粘性，并且熔化的焊丝能与焊缝金属熔在一起，则说明已达到熔池形成温度，即可焊接。

② 对于厚板应随时注意金属表面的变化，当光亮的银白色逐渐变成暗淡的银灰色、表面氧化膜微微起皱、本体金属在火焰吹力下有游动现象时，即可进行焊接。

③ 一般情况下，发现焊缝的边棱角有倒下现象时，即迅速滴入熔化焊丝进行焊接。

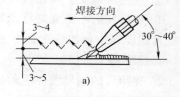

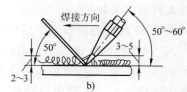

图 2-47　焊炬的操作方式

a）焊炬跳动式前移　b）焊炬平稳前移

④ 一般应一次焊完一道焊口，不得已中断时，接头处应重合 20～30mm；应尽量采用单层焊，较厚时第二遍应选较第一遍焊大一号的焊丝，并应将第一道焊渣作机械处理，露出全泽光泽。

⑤ 焊好后必须清理焊缝上的残渣，一般用 60～80℃ 热水和硬毛刷子冲刷残渣及焊粉，以干燥风干后看不出有白色或黑色的斑迹为宜，否则应再冲洗刷净为止。

⑥ 焊好的铝母线应经质检人员检查。

（9）硬母线的金属极电弧焊焊接方法

1）铜母线的电弧焊：采用直流电焊机反接法，即母线接负极，焊把接正极；焊条选用铜焊条 107，使用前应用烘箱烘干，300℃烘干 4h，并用干燥的焊条保温筒装好拿到现场。

将处理好的铜母线按图 2-41 和图 2-42 对接好，用气焊把预热焊口，应用中性焰预热，预热温度 400～500℃，预热长度大于母线宽度的 2 倍；厚板预温度应在 700℃ 左右，长度应大于 500mm。预热温度达到后可在焊口处撒一些铜焊粉 301，即可立即引弧焊接。

引弧应在垫板上进行，并根据引弧情况调节电流，电流的调节可按表 2-14 选择。引弧后即把电弧送至焊口上，采用短弧焊，焊条垂直母线，可略向前倾一点，焊条顶端与焊件的距离应保持在 5mm 左右。随着焊芯的熔化边将焊条插入熔池，同时边将焊条垂直于焊口向前推进。这三者要协调一致，这也是焊工难以掌握的技术。

不宜做横向摆动，可适当地做往复直线运动。为保证根底部焊透，在运条过程中，必须保持熔池前面留出一个被电弧吹成的小圆穴，其直径略小于焊条直径。

运条时，若发现熔渣与铜液混合不清时，即可把电弧拉长些，同时焊条前倾，焊条与前进方向成 30° 左右，往熔池后面推送熔渣。这样熔渣被推送到熔池后面，等熔渣和铜液分清后，焊条再恢复到正常角度继续焊接。

板厚宜采用多层焊，第一层采用较细的焊条，电流稍小一些；第二层可用较第一层稍粗的焊条，电流应大一些，并做好层间的熔渣处理。多层焊时，每层的焊接方向应相反，且焊层应薄一些，既可使气体和熔渣析出，又使焊缝受热均匀。

双面焊焊反面封底焊时，必须先清除根部熔渣，且电流宜大一些。

其他注意事项和铜的气焊相同，见前述"焊接铜母线应注意事项⑥～⑩"。此外这里强调说明一点，电焊时更换焊条必须快，因此焊接时要有三个人直接操作，分工必须严格而明确。其中一人焊接，一人递焊条并辅助作业，另一人预热。为了保证焊接温度不下降，要快速更换焊条：第二人在第一人焊接时，要站在第一人的右手侧（右手持焊把），随时做好递条的动作，当前一根焊条即将焊完时，第二人迅速从保温筒内取出焊条，递与第一人的右手侧易更换焊条的位置，这时第一人已焊完前一根焊条，迅速张开焊钳，将余条卸掉且举起焊钳于更换焊条的位置，夹住第二人递来的焊条继续引弧焊接。两人的动作要配合默契，应事先演示熟练。在焊接进行的过程中，第三人要连续加热母线，必要时要两个焊把同时分别加热母线的焊口两侧。这时加热温度可偏低一些，但不得加热焊缝，以免氧或碳过多，对焊接不利。

2）铝母线的电弧焊：采用直流电焊机、反接法，焊条选铝焊条 109，烘干处理；预热温度 250～300℃，焊粉用铝焊粉 401。

铝母线电焊操作与铜母线电焊基本相同，但要注意铝和铜的性质不同。

铜母线和铝母线的电弧焊要特别注意电焊机的选择，必须具备焊接过程中良好的动特性。也就是频繁的短路和引弧的变化时，电焊机的特性曲线坡度大，电压变化时，电流强度则无剧烈变化；在用细焊条和小电流焊接时容易引弧，均匀熔化而无飞溅。

由于电焊的热量远远大于气焊的热量，因此焊接速度要快，辅助加热的温度也可以低一点。此外焊条的选择必须用优质焊条，须经试焊确实无误的焊条才能采用。由于铜、铝的电弧焊技术不易掌握，则应在实践中摸索总结，提高焊接质量。

（10）硬母线的碳弧焊焊接方法　碳弧焊就是用碳棒或石墨作为电极，使之和母线接触而产生电弧，电弧既可加热母线，又可熔化焊丝而形成焊缝。该法较气焊和电弧焊碳弧焊容易掌握，且焊接质量高。

1）铜母线的碳弧焊：母线的处理同前；母线厚度为 2~5mm，坡口为 60°~70°，不留钝边，间隙为 0~2mm；厚度为 6~10mm，坡口为 60°~70°，钝边 1~2mm，间隙 2~3mm；母材厚度 12mm 时，可不开坡口，间隙为 2~3mm，厚度为 15~20mm 也可不开坡口，间隙为 8~10mm。无坡口时底部必须垫衬，可用铜、钢、碳板或石棉板，但必须干燥、无锈蚀、熔点高，以保证焊接质量且焊后不与焊件粘住。

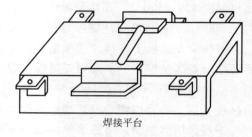

焊接平台

图 2-48　焊接平台

将处理好的母线放在焊接平台的石墨板上，平台可用宽 200mm、长 500mm 的槽钢制成，如图 2-48 所示；先把石墨垫板放在上面，且石墨垫板中间应开一条比母线宽的半圆槽，如图 2-42 所示；石墨板必须干燥勿潮，否则对焊接不利。焊缝对准半圆槽，再用压板把母线固定好，不要压得太紧，应使母线受热后有伸缩余地。

采用正接法（即母线接正，焊把接负）将系统接好，并将焊把的水冷却系统接通。碳弧焊采用正接法是为了消除电弧偏吹，通常是将接"＋"端的多芯线接于焊缝处或者分成两股接于母线的两端。冷却水接通后要检查焊把处是否漏水（如漏水则要修复，漏水会给焊接带来麻烦和不利），然后进行预热。

预热可用气焊，也可用碳弧直接加热。引弧时应从石墨挡块或引弧碳块上进行，引燃后移至焊缝处，沿着坡口或焊缝来回移动；大而厚的母线还应同时用两把气焊加热母线焊缝的两端，加热长度一般在 500mm 左右。预热的同时应烘烤处理好的铜焊丝 201，涂上水玻璃后滚上焊粉 301，厚度要均匀，一般为 0.5~1mm 左右，焊丝应有足够的长度，能保证焊完一道焊口，少接头。预热温度为 650℃，大而厚件应在 750℃，预热温度达到后即可焊接。

焊接方法可采用右向焊或左向焊，如图 2-49 所示。先在焊缝处撒上焊粉，碳弧从左至右将坡口底部熔化，以达到底部良好的成型，紧接着加入焊丝，从左至右将焊缝焊满一次成型焊完。加入焊丝的速度、电极移动的速度要配合好，电弧的移动不要忽高忽低或来回摆动，应使电极与母线表面保持一定距离和角度，采用大电流时应在 20~40mm 之间，电流选择见表 2-17。

表 2-17　紫铜碳弧焊接规范

母材厚度/mm	焊接电流/A	电弧电压/V	焊丝直径/mm	电极直径/mm
2~5	250~350	32~40	5	10~12
6~8	350~450	32~45	5	14~16
9~10	450~600	35~45	5	18~20

　　由于采用冷水冷却焊口，所以石墨板及挡块弄湿后应用气焊烤干再用，一般是多准备几件调换使用。电极尖端因焊接损耗，应每焊完 1～2 道口后用锉修整成锥形，其尖端角度范围为 45°～75°之间。角度小而消耗快，但电弧稳定；角度大易产生电弧偏吹，不利于焊接，如图 2-50 所示。

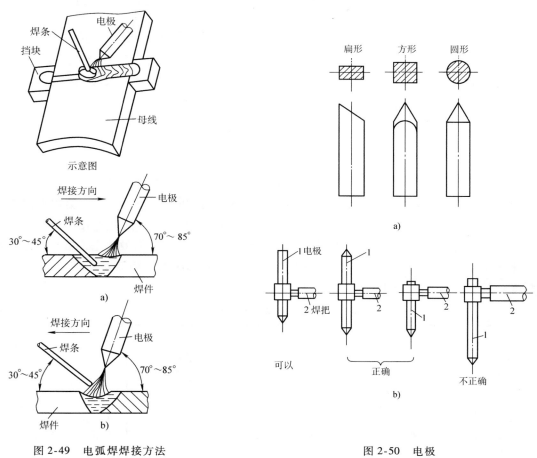

图 2-49　电弧焊焊接方法
a）右向焊　b）左向焊

图 2-50　电极
a）常用电极的形状　b）电极的夹持方法

　　焊接过程中常用变化电极角度的方法来克服电弧的偏吹，如图 2-51 所示。图 2-52 给出了厚度不同的母线焊接时的装配图，供参考。其他注意事项参见铜母线的气焊及电弧焊。

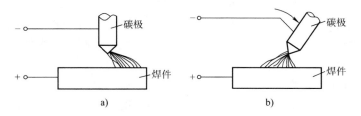

图 2-51　克服电弧偏吹的方法
a）偏吹的电弧　b）克服方法

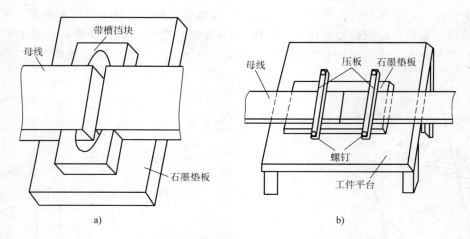

图 2-52　焊接装配示意图

a）截面较大的铜母线对接焊装配示意图　b）厚度不大的铜母线对接焊装配图

2）铝母线的碳弧焊：基本与铜母线相同，但要注意铝和铜的性质不同。采用直流焊机正接法，301铝焊丝，401铝焊粉，预热温度250～350℃，电流选择见表2-18。截面不大的母线一般用右焊法，利用焊丝伸入焊接熔池跟着电弧向前推进，能有效地把覆盖在熔池表面的氧化物硬壳拨碎。厚度较大的母线需多层焊，多层焊时每层氧化铝渣要迅速用焊丝拨出，如焊缝有过热现象，应停顿一下，待冷却到500℃时再继续焊。

表 2-18　碳极电弧焊接铝母线规范

母线厚度/mm	电流强度/A	碳电极直径 /mm	石墨电极		焊缝尺寸/mm	
			圆形直径/mm	正方形面积/mm	宽度	高度
1～3	100～200	10	8	8×8	15	1
3～5	200～250	12.5	10	10×10	15	1～2
5～10	250～400	15	12.5	12×12	15～20	2～3
10～15	350～550	18	15	14×14	15～20	2～3
15～20	500～800	25	20	18×18	20	3～4
20～30	700～1000	—	25	22×22	20～25	3～4
45	1000～2000	—	30	25×25	30	4～5

其他注意事项要参照前述铝母线气焊和电弧焊的注意事项执行。

（11）硬母线的氩弧焊焊接方法　氩弧焊就是在焊接的过程中，用氩气（惰性气体）将电弧和焊缝与外界空气隔离开，这样杜绝了氧化物的产生，保证了焊接质量。氩弧焊的焊嘴有两种用途，一是将钨极夹住用作产生电弧的电极，二是将氩气从钨极的四周喷出保护电弧，因此也叫作喷嘴。氩弧焊省略了焊粉的使用，避免了残渣对焊缝的腐蚀。由于氩气对焊接区域的冲刷，使接头显著冷却，改善了接头的组织和性能，减少了焊体的变形。氩弧焊设备示意图如图2-53所示。

氩弧焊大都是机械自动焊，也有手工钨极氩弧焊，但主要用于薄板。

铜和铝的氩弧焊操作基本相同，主要区别是预热温度不同，钨极直径的选择、电流的选择、焊丝的选择、电源的选择、氩气流量调节的不同。铝宜用交流焊机，铜宜用直流焊机正接，预热温度和焊丝选择焊前处理、焊接平台制作等同前所述。

　　1）手工钨极氩弧焊操作方法：将处理好的母线装置在垫板或焊接平台上，组对好后即可预热，温度达到后即可在石墨板上引弧，电弧稳定后，将电弧引入焊接区进行焊接。将电焊机的电源开关合上，并接通水和氩气。

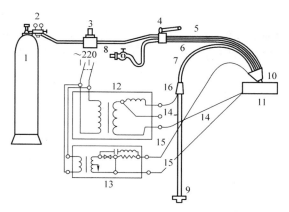

图 2-53　氩弧焊设备示意图
1—氩气瓶　2—减压阀　3—气量计　4—水和气开关
5—气管　6—人水管　7—出水管　8—水龙头
9—放水口　10—焊炬　11—工件　12—焊接变压器
13—高频稳压器　14—焊接电缆　15—高频
导线　16—缺水保险器

　　一般先采用点焊把焊口固定再施焊，这样可防止变形。点焊的大小间距视厚度及宽度而定，一般为 2 点或 3 点。点焊应尽量小而薄，一般不加焊丝而直接用熔化的基本金属来定位；如加焊丝，则必须在基本金属熔化形成熔池后添加。点焊后应在焊点处停留，以免焊点被氧化。其中焊丝应用细砂布打磨出金属光泽并经烘烤后再使用。

　　焊接时，焊炬、焊丝和母线的相互位置，要便于操作并能很好地保护熔池，如图 2-54 所示。焊丝的倾角应小一些，小到不影响加焊丝，否则将扰乱电弧及气流的稳定性。一般常采用左焊法，焊炬应均匀地做直线运动，钨极要对准焊缝中心，但不要和熔池、焊丝接触，以防止钨夹渣；焊丝不要进入弧柱区，否则焊丝易与钨极接触而使钨极氧化，焊丝熔滴飞溅，破坏电弧稳定性；但焊丝也不能离得太远，这样不但不能加热焊丝，而且易卷入空气，降低熔区的热量。因此焊丝必须在弧柱周围的火焰层内熔化并抽出，再送进熔化，往复运动。焊丝送入的速度则由熔池温度及熔液的流动情况决定。焊丝不能拉到氩气保护范围以外，以免被氧化。焊炬一般距母线在 10～20mm，运动要均匀，保持电弧长度不变。控制熔池的熔化温度是由焊接速度和拉长或压低电弧来达到的。

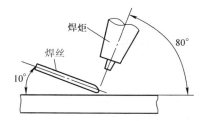

图 2-54　焊炬和焊丝的倾角

　　结尾时，在收弧处的熔池里多填充点焊丝熔滴，然后使电弧慢慢离开，同时必须继续送出氩气保护 5～15s；也可将电弧引自熄弧板上再熄灭。铝的焊接规范见表 2-19。

表 2-19　铝及铝合金手工钨极氩弧焊规范

板厚/mm	钨极直径/mm	焊接次数	焊丝直径/mm	喷嘴直径/mm	焊接电流/A	焊接电压	焊接速度/(mm/min)	氩气流量/(L/min)
1	1.5	1	3	5～7	40～70		400	4～6
1.5	2	1	3	5～7	50～80		350	4～6
2	2	1	4	6～8	60～90		300	6～8
3	3	1	4	8～10	90～130	15V	250	6～8
4	4	1	4	8～12	110～150		200	8～12
5	5	1	5	10～12	140～200		150～200	12～20
6	6	1	5	12～14	200～250		150	15～25
10	6	2	6	12～14	200～300		100	15～25

2）自动氩弧焊操作要点：采用左焊法，不必预热，焊嘴距母线 8～20mm，焊嘴与垂直轴线的倾角一般为 20°～40°；焊接时，使焊炬做幅度不大的前后（纵向）摆动，能防止薄板烧穿，能增加厚板的熔深和熔宽。焊接规范见表2-20和表2-21。

表 2-20　铝及铝合金对接接头金属极半自动氩弧焊规范

板厚/mm	坡口型式	焊接位置	焊接顺序	焊接规范			焊丝		氩气流量/(L/min)
				焊接电流/A	电弧电压/V	焊接速度/(mm/min)	直径/mm	送丝速度/(m/min)	
6	60° V形坡口	平	1(正)	200～250	24～27	400～500	1.6	5.9～7.7	20～24
		横、立	1(正) 2(背)	170～190	23～26	600～700	1.6	5.0～5.6	20～24
	I形坡口	平	1(正) 2(背)	210～240	24～26	450～650	1.6	6.3～7.3	20～24
8	60°坡口	平	1(正) 2(背)	240～270	24～27	450～550	1.6	7.3～8.3	25～30
	60°坡口	横、立	1(正) 2(正)	190～210	24～28	600～700	1.6	5.6～6.3	25～30
10	60°坡口	平	1(正) 2(正) 3(背)	240～260	25～28	400～600	1.6	7.3～8.0	25～30
		立	1(正) 2(正) 3(背)	200～220	24～28	400～550	1.6	6.1～6.8	25～30
12	60°坡口	平	1(正) 2(正) 3(正) 4(背)	230～260	25～28	350～600	1.6	7.0～8.0	25～30
16	90°坡口	平	4道	310～350	26～30	300～400	2.5	4.3～4.8	30～35
		立、横	4道	220～250	25～28	150～300	1.6	6.6～7.7	30～35

注：正表示在坡口面一边焊接，背表示在坡口的背面焊接。

表 2-21　铝及铝合金丁字接头金属极半自动氩弧焊规范

板厚/mm	坡口型式	焊接位置	焊脚长/mm	焊道数	焊接规范			焊丝		氩气流量/(L/min)
					焊接电流/A	电弧电压/V	焊接速度/(mm/min)	直径/mm	送丝速度/(m/min)	
4		全	5～8	1	160～180	22～24	350～500	1.6	4.7～5.3	16～20
6		平横	6～8	1	220～250	24～26	500～600	1.6	6.6～7.7	20～25
		立	6～8	1	190～210	25～28	400～500	1.6	5.6～6.3	20～25
8		平横	8～10	1	250～280	25～27	500～600	1.6	3.4～3.8	24～28
		立	8～10	1	200～230	25～29	400～500	1.6	5.9～7.0	24～28
10		平横	—	2	240～280	25～29	600～700	1.6	3.4～4.3	24～28
		立	—	2	200～230	25～29	550～650	1.6	5.9～7.0	24～28
12		平横	—	2	250～280	25～29	400～500	1.6	4.3～4.7	25～30
		立	—	2	220～250	25～29	300～450	1.6	6.6～7.7	25～30
16		全	—	2	270～300	25～27	350～600	1.6	3.5～4	25～30

3）注意事项如下：

① 焊前必须检查钨极的装置情况及伸出长度，一般为 5mm 左右；钨极应位于焊嘴中心，不准偏斜；焊接前应用酒精棉球将焊嘴擦干净。

② 氩气的纯度应大于 99.9%，焊丝和母线必须清理干净。

③ 焊机必须接地良好；使用前应检查水管、气管是否接好；检查焊炬的弹性夹头及夹紧情况，检查喷嘴的绝缘情况；气瓶不能倒置，远离焊接区；移动时要轻慢，否则应将易损件取下；定期检查控制器的工作情况。

④ 焊接过程中发生断弧，不得关闭氩气，应对准原焊接处待 20s 后再重新弧焊接。断弧后的焊接应往后推 20mm 重焊。

⑤ 其他参见母线的电焊、气焊各点。

（12）母线焊缝的质量检查及验收　母线焊缝应符合以下检验标准：

1）焊缝表面无肉眼可见的裂缝、凹陷、缺肉、气孔及夹渣等缺陷。

2）咬边深度不得超过母线厚度的 10%，且总长度不超过焊缝长度的 20%。

3）母线对接焊的上部应有 2 ~ 4mm 的加强高度；气焊及碳弧焊的焊缝高应在其下部有凸起的 2 ~ 4mm，焊口两侧各凸出 4 ~ 7mm 的高度。

4）焊缝的对口应符合（8）中讲述的对口的要求。

5）焊缝的物理性能应符合（1）中讲述的物理性能的要求。

6）焊接部位应在测量时调整好并应符合下列要求：

① 离支持绝缘子母线夹板边缘不小于 50mm。

② 同一片母线上宜减少对接焊缝，两焊缝间的距离应小于 200mm。

③ 同相母线不同片上的直线段的对接焊缝，其错开位置应不小于 50mm。

7）焊缝在母线安装前应将残存的焊药和熔渣等不妥清理干净。

（13）成品制成以后的保管方法　成品要远远高于型钢底座，一般应用草绳密密缠绕并放于平整地方，并做好防盗措施。

第三章　电气开关/控制柜（箱）的制作

电气工程中的各类控制柜、开关柜、配电箱（盘）、控钮箱、操作台、电表箱等，一般都随设备配套，外观及质量优良，标准化高，性能可靠。但是也有些设备不带控制柜，有的即使有控制柜，但电源部分不完善或容量不够；特别是多台电动联动设备、锅炉的控制柜，回路和容量都不能满足实际需要，仍需增加一台电源柜（箱）；有的设备属非标设备，控制系统复杂，没有定型的控制柜；有的工程项目小，柜的用量少但又是非标；有的照明控制箱标准系列中没有合适的控制回路和容量等。于是施工图样中有时也给出了控制系统的电路、柜的尺寸、盘面布置及主要材料等，有些设计则仅给出了粗略说明或要求。因此，这些柜、箱就需要安装单位自己制作，或者委托有关厂家制作。

一、电气柜（箱）制作应遵循的原则

1）采用现行国家标准，在外形结构、电气性能和力学性能上赶上或超过国内同类定型产品。主要标准有：

GB 7251.1—2005 低压成套开关设备和控制设备　第1部分：型式试验和部分型式试验成套设备

GB 7251.2—2006 低压成套开关设备和控制设备　第2部分：对母线干线系统（母线槽）的特殊要求

GB 7251.3—2006 低压成套开关设备和控制设备　第3部分：对非专业人员可进入场地的低压成套开关设备和控制设备　配电板的特殊要求

GB 7251.4—2006 低压成套开关设备和控制设备　第4部分：对建筑工地用成套设备（ACS）的特殊要求

GB/T 3047.1—1995 面板、架和柜的基本尺寸系列电气制图及图形符号国家标准：

GB/T 6988.1—2008、GB/T 6988.2 ~ 3—1997、GB/T 6988.4—2002、GB/T 6988.5—2006、GB/T 6988.7—1993、GB/T 4728.1 ~ 5—2005、GB/T 4728.6 ~ 13—2008、GB/T 5094.1—2002、GB/T 5094.2—2003、GB/T 5094.3 ~ 4—2005、GB/T 4026—2010、GB 4884—1985 等

GB/T 4942.1—2006 旋转电机整体结构的防护等级（IP代码）一分级

GB/T 10233—2005 低压成套开关设备和电控设备基本试验方法

GB 50254—1996 电气装置安装工程低压电器施工及验收规范

GB 50255—1996 电气装置安装工程电力变流设备施工及验收规范

GB 50150—2006 电气装置安装工程　电气设备交接试验标准

GB 50171—1992 电气装置安装工程盘、柜及二次回路结线施工及验收规范。

高压柜制作相应标准及规范。

2）所有电气元器件均应有产品合格证、说明书，仪表要有检定证书，贵重或关键部件应有产品制造许可证的复印件和型式试验报告。一般应从元器件生产厂家直接订货，取消中间环节，避免伪劣产品混入。

3）柜体、外形的加工应机械化、模具化，进而使产品标准化，具有互换性、通用性。主要设备有 2.5m 剪板机、2.5m 折边机、点焊机、检验平台、焊接平台、2.0m 角尺、静电喷漆设备、远红外烘干或烤漆设备、冲床及各类模具、胎具、卡具，以及车床、钻床、铣床等。

4）健全试验手段，购置试验设备和测试仪表，按国家标准对产品进行测试。执行的标准主要有 GB 7251.1—2013 低压成套开关设备和控制设备第 1 部分：型式试验和部分型式试验 成套设备，主要设备及仪器有升压源、升流源（5000A）、泄漏仪、标准电压表、电流表，绝缘电阻测试仪，以及电气常用仪器仪表。其中升流源（500A 以内）可用电焊机代替。

5）大型安装企业应取得成套电气控制设备制造许可证，中小型安装企业应争取取得不同类别的制造许可证。低压成套开关设备制造许可证分三箱式（黄本）、一般型（绿本）和高级型（红本）三种。另外，还有高压成套开关设备制造许可证。

6）有严格的管理制度和工艺纪律，有电气专业工程师和机械专业工程师，操作工人应经专业技术培训，并有上岗操作证。特别是下料剪板和折边折角的人员应相对稳定，并采用流水作业。应有板材、型材校正加工、焊接、结构组装、元器件安装调整、母线制作安装、二次配线、表面被覆层处理、零部加工等工艺守则或工艺卡，有原材料和元器件入厂检验、代用件检验、零部件加工检验、成品检验、包装检验制度。

7）应有独立的检验机构，各工序工位要配备专业的检验人员进行过程检测和控制并有记录；生产过程应实行工程师负责制。

8）未尽事宜见本章三、电动机起动控制柜的制作的（十）"整机测试"。

二、电气柜（箱）制作通用技术要求

（一）低压电器组成的电气控制设备

1. 工作条件

1）安装使用地点的海拔不超过 2000m。

2）周围空气温度不得超过 +40℃，且在 24h 周期内的平均温度不得超过 +35℃，周围空气温度的下限为 -5℃。

3）空气清洁，其相对湿度在最高温度为 +40℃时，不超过 50%；在较低温度时，亦允许有较大的相对湿度，+20℃时一般为 90%；但是同时应考虑由于温差的变化，可能会产生适度的凝露。

4）设备所接的电源其电压波动范围，一般为设备额定工作电压的 95%～105%。

2. 运输与保管过程中的条件

运输与保管过程中的温度，一般为 -25～+55℃的范围之内。短时（不大于 24h）的温度，最高可达到 +70℃，否则应有一定的技术措施。

3. 技术条件

1）柜体应由能承受一定的机械、电气和热应力的材料构成，同时能经受正常使用条件下可能受到的潮湿影响。当设备用于高湿度或温差变化较大的场所时，应在已选定防护等级的基础上，另外增设防止内部产生异常性凝露的设施，如采用加强通风散热或烘干加热等。

2）设备的结构设计，应保证调试、运行、操作、维修和检查测试时的安全可靠。同时各元器件动作时所产生的热量、电弧、冲击、振动、磁场或电场，亦不得对其他元器件正常功能的发挥有所影响，以至引起误动作。

3）设备的金属壳体，须焊有接地螺栓或螺母，其规格须满足表3-35中保护地线截面积的要求。为了保证使用时接触良好，禁止在螺纹上和导体表面处喷涂覆盖层，一般是焊接好后即用凡士林封涂，然后再喷漆。

4）装于柜内的电气元器件，应符合本身的标准规定和电气装置安装工程施工及验收规范，同时根据柜体制作设计的图样要求，进行安装和调整。

5）柜内元器件的布置、电路的排列（包括一次和二次），应整齐美观、操作方便、工艺合理和维护检修安全。

6）通常地面安装的柜体，其指示仪器仪表的安装高度不得高于柜体安装基础面2m；操作器件（如手柄、按钮等）应装在便于操作的高度位置上，一般其中心线不高于柜体基础面1.9m。

7）装于柜体上的电气元器件，须保证足够的拆修距离和安全喷弧距离。

8）柜内某些元器件的正常工作温度或湿度，高于或低于设备所规定的正常工作条件时，应从柜体结构设计方面进行适当的调节，如局部增设加热、通风或冷却设施。

9）设备上的连接导线，应具有与额定绝缘电压相适应的绝缘。

10）各电路所选用的绝缘导线：铜芯绝缘硬导线的截面积不得小于0.75mm²，铜芯绝缘软导线的截面积不得小于0.5mm²。

11）主电路接头间的相序和极性排列，应符合表3-9的规定。

12）接至各接头上的连接导线端部，应压接铜制或铜铝过渡的端子，每根导线的中间不得存有插接或焊接的过渡连接。

13）当用黄、绿、红颜色表示主电路的相序时，允许仅在导线的末端标色；保护地线和中性线则须全长标色。二次回路的线号则一般应在导线的末端用特制的线号标注。

14）通常元器件的一个端子只连接一根导线，最多不得超过两根。

15）不同材料的母线或导线间的连接或与元器件端子连接，应采用过渡端子，消除可能引起的电化腐蚀现象。

16）布线中使用的绝缘导线，若使用行线槽配线时，应引至线槽内，同时在槽内尽量消除导线的交叉，而行线槽须垂直或水平敷设；若使用导线直接配线时，二次线应捆扎成束，线束应垂直或水平敷设。

17）配线中，母线与电缆须配备应力相适的支承，并尽量保证母线与电缆垂直或水平敷设。

18）装设一般的电气元器件或导线时，应使其与发热件间有一定的隔热间距，以免因过热而影响运行及使用寿命。接于发热体上的导线应采用相应的耐热导线，否则应剥去适当长度的绝缘层，套上耐热瓷珠或瓷套管。此种方法应保证，设备运行时绝缘导线与瓷件接触部位的温度不超过+65℃。

19）在使用中可能受到应力而弯曲的导线或线束，如过门线，须采用铜芯绝缘软线。引至可动部位的线束，须缠套不自燃的软管；线束的长度应保证足够的受弯半径，一般应大于10倍线束外径。

20）设备的引出线，应集中引至接线端子排上引出。大电流的引出线，允许从元器件端子上直接引出。

21）设备的金属壳体或可能带电的金属件（包括因绝缘损坏可能带电的金属件）与接地螺栓间，必须保证具有可靠的电气连接，与接地螺栓间的接触电阻不得超过 $10^{-3}\Omega$。其中，装有电气元器件的金属门（盖）与金属壳体间的电气连接，需采用黄绿双色铜软线来进行。

22）电气元器件与电气元器件之间、导电部件与不同相导电部件之间或与电气元器件之间的电气间隙、爬电距离应符合表 3-8 的要求。

23）主电路在额定条件下工作时，导体、母线的连接处、操作手柄和壳体的温升应符合要求。

24）柜中的各个电路在介电试验前或后，其绝缘电阻不得低于 1MΩ。

25）柜中各个电路应能承受交流正弦波介电试验电压，在 1min 的试验时间内无击穿或闪络现象（试验电压见表 3-10 和表 3-11）。

（二）装有电子器件的低压电气控制设备

1. 使用条件

1）周围环境温度不超过 +40℃，且 24h 内的平均温度不超过 +35℃，最低环境温度不得低于 −5℃。

2）空气中不得有过量的尘埃、酸、盐、腐蚀性及爆炸性气体。相对湿度在 +40℃ 时不超过 50%。在较低温度时，允许有较高的相对湿度，20℃ 以下为 90%，同时应注意由于温度变化可能发生的凝露。

3）海拔不超过 1000m。

4）安装地基处允许有振动频率 10～150Hz 时，最大振动加速度不超过 $5m/s^2$，如有共振则应有减振装置。

5）交流电源的波形、电压波动范围、频率波动范围，直流电压波动范围均应符合产品的设计要求。

2. 技术条件

1）柜内元器件必须符合该类元器件各自相应的标准及技术条件，不仅要考虑正常工作条件下的使用，而且要考虑设备在最不利条件下的使用。

2）柜内使用的印制电路板，应符合 GB 4588.4—1996《多层印制板分规范》的规定；使用的控制单元应符合 GB/T 3797—2005《电气控制设备》规定的考核条件，同时应在产品设计中制定该控制单元的有关规定。

3）控制设备可采用自然冷却、强迫风冷、水冷。采用自然空气冷却时，散热器周围应有足够的空间；采用强迫风冷，进风入口处应有过滤装置；采用水冷时必须有过滤装置，且冷却系统亦采用塑料、尼龙制件，同时水质应满足表 3-28 的要求。

4）电气间隙和爬电距离应符合表 3-29 规定。

5）绝缘电阻不小于 1MΩ。

6）介电试验电压应按表 3-10 和表 3-11 进行。

7）设备内部各部件的温升，应符合元件的各自标准；低压母线及低压电器端子的最高允许温升：纯铜无被覆层应≤60℃、纯铜搪锡应≤65℃、纯铜镀银应≤70℃、铝超声波搪锡应≤55℃；半导体器件及其与母线的连接端子最高允许温升：纯铜无被覆层应≤45℃、纯铜搪锡应≤55℃、纯铜镀银应≤70℃、铝超声波搪锡应≤35℃。

8）连接到发热元器件上的导线，应从侧方或下方引出，并剥去适中的绝缘层，套以耐热小瓷管或瓷珠，使导线绝缘层的端部温度不超过+65℃。

9）设备能承受来自电网或周围环境的电磁干扰，同时设备本身产生的电磁干扰应减小到最低限度。应采用滤波器和延时装置，或者选择一定的功率电平以及合理的布线（如采用绞线、屏蔽线、分束或交叉走线、隔离线或屏蔽技术等），可以避免静电和电磁干扰。

10）柜或台体结构应牢固，应能承受在正常使用条件下可能遇到的机械、电气、热应力以及潮湿等影响。

11）抽屉和插件应很方便地插入或拔出，所有接点、插点均应保证接触可靠。需要更换的抽屉或插件应具有互换性。在正常使用期间如果新更换的插件在投入运行前尚需进行电气性能调试，则应在这种插件上加注明显的标志。不同功能的抽屉或插件应避免插错，必要时应有防止插错的机械或电气连锁装置。

12）印制电路板、插件等部件，在焊装完成后，应进行规定的耐振及温度循环试验，试验后应保证电气性能符合要求，并不得有脱焊、虚焊、元器件松脱或紧固件松动等现象。

13）元器件之间应有足够的空间，以便装配和接线，每个元器件周围应标注醒目的符号或代号。重量小于15g的小型元器件，如果在正常使用和运输中确信不致损坏时，可利用其本身的引出线直接固定在印制电路板上，其他元器件必须用机械方法固定。

14）操作与控制元件应装于易操作的部位，安装高度不得高于操作者所站立的台面以上的2m，不得低于0.4m。

15）导线的连接可采用压接、绕接、焊接或插接，连接必须可靠牢固，两个接线点间的连线不得有接头。

16）在经常移动的地方（如过门处），必须采用软绞线，并且要有足够长的裕量，以免急剧弯曲或产生过大张力。

17）交流电源线、直流电源线及高电平信号线，应与低电平（测量、信号、脉冲等）信号线分束走线，并应有一定的间隔，必要时应采取隔离或屏蔽措施。

18）所有导线端部的标号，应清晰、牢固、完整、不脱色。

19）主电路母线类别的颜色及相序的排列应符合标准，见表3-9。

20）柜中控制电路导线截面积应按规定的载流量选择，但考虑到机械强度的需要，一般应采用截面积不小于0.75mm²的单芯铜绝缘线或不小于0.5mm²的多芯铜绝缘绞合线；对于电流很小的电路（如电子逻辑电路和类似的低电平或信号电路），导线的最小截面积不得小于0.2mm²且必须使用铜芯或镀银绝缘导线。

21）导线的额定绝缘电压与电路的额定工作电压或对地电压相适应。必要时，对于较高工作电压的导线，应采用绝缘措施（如加绝缘套管、用绝缘支架架起悬空等）。

22）所有从外部进入控制柜（箱、台）的电缆或导线必须通过接线座，但对于电流在60A以上的电路接线，允许直接接到元器件的端子上。

23）对于断路器、接触器、继电器等大电流器件的安装、布线、连接等要求，可参考低压电器组成的电气控制设备设置。

（三）高压电器组成的电气控制设备

高压电气柜通用技术要求与"（一）"和"（二）"基本相同，不同的是高压柜的绝缘程度远远高于低压柜。因此，在柜体尺寸、电气设备尺寸及绝缘性能、柜体结构方式、传动系统等方面比（一）和（二）有着很大的区别，主要有：

1）高压柜绝缘子，母线间距、对地距离、爬电距离应符合相应电压等级的要求。

2）电气开关设备、元器件、二次回路、绝缘子的电压等级、耐压试验，应符合相应标准的要求。

3）电子元器件、模块/模板等弱电系统与高电压大电流的设备元器件间应有隔离或屏蔽保护。

4）操作系统、继电保护系统、计量仪表系统与高电压、大电流的设备元器件间应有隔离保护措施。

5）电气设备、元器件的试验与低压系统的试验内容和方式有明显不同。

这里将高压开关设备型式试验项目和低压电器试验项目列出，供读者参考，见表3-1和表3-2。型式试验一般由国家电气产品技术监督部门进行，并出具型式试验报告；但一般的生产厂商都具有该试验的能力，本厂试验合格后再交付监督部门进行，以避免出现不合格项。作为安装单位有条件的也应具备型式试验的能力，以便在工程中防止假冒伪劣产品的混入，确保安装工程的质量。

表3-1　高压开关主要型式试验项目

序号	试验项目 性能	名称	断路器	负荷开关	隔离开关	接地开关	重合器	分段器	接触器	熔断器
1	力学性能	机械操作试验	○	○	○	○	○	○	○	(○)
2	力学性能	机械特性试验	○	○	(○)	(○)	○	○	○	
3	力学性能	机械耐久试验	○	○	○	○	○	○	○	
4	载流性能	温升试验	○	○	○	○	○	○	○	○
5	载流性能	回路电阻测量	○	○	○	○	○	○	○	
6	载流性能	短时耐受电流试验	○	○	○	○	○	○	○	
7	载流性能	峰值耐受电流试验	○	○	○	○	○	○	○	
8	开断与关合性能	短路开断能力试验	○				○		(○)	○
9	开断与关合性能	短路关合能力试验	○	(○)		(○)	○	(○)	(○)	
10	开断与关合性能	近区故障开断试验	(○)							
11	开断与关合性能	线路充电电流开合试验	(○)	(○)	(○)		(○)	(○)		
12	开断与关合性能	电容组开合试验	(○)				(○)		(○)	
13	开断与关合性能	额定关合和开断能力试验		○				(○)		
14	绝缘性能	冲击电压试验	○	○	○	○	○	○	○	○
15	绝缘性能	工频电压试验	○	○	○	○	○	○	○	○
16	绝缘性能	局部放电测量	(○)							
17	绝缘性能	无线电干扰电压试验	(○)	(○)	(○)	(○)				

注：○——要做；（○）——有的要做，有的不要做。

表 3-2　低压电器试验项目表

序号	试验项目	试验内容	型式试验	常规（出厂）试验
1	一般检查	检查电器的外形尺寸及安装尺寸、电气间隙与爬电距离、触头开距、超行程、压力、操作力以及安装质量	✓	✓
2	电压降检查	对被试电器通以恒定直流电流，用仪表直接测量被测部分两端的电压降，以了解电器各部位的导电情况	视电器种类而定	✓
3	温升试验	用低压电源进行，测量电器各部件（包括触头、导电部件和易接触的外壳表面及操作手柄）的温升	✓	
4	绝缘电阻测量	用绝缘电阻表测量电器绝缘表面的阻值，在一般条件不得小于 $10M\Omega$	✓	✓
5	介电性能试验	进行工频耐压试验，以考核电器的绝缘水平。在电气间隙小于标准规定时尚须进行脉冲耐压试验	✓	✓
6	耐潮试验	在规定的温度湿度条件下进行，考核在湿热条件下电器的绝缘性能	✓	
7	额定接通与分断能力试验	接通与分断可分别试验，但必须在同一台试品上进行。如果条件具备，则接通与分断应当是一个连续的程序，不应分开。主电路和辅助触头都应进行	✓	
8	短路接通与分断能力试验	在规定的电流、电压、$\cos\varphi$ 或时间常数条件下进行。熔断器只进行分断能力试验	✓	
9	短时耐受电流能力试验	考核短路电流的热效应和电动力效应对电器的影响，一种电器可以有几种（如 1s、0.4s、0.2s 等）短时耐受电流	✓	
10	动作特性试验	确定电器的动作误差和在规定电流作用下的延时值、电流动作值可用低压电流进行	✓	✓
11	操作性能试验	需动作的电器，要进行一定次数的操作性能试验，以检查动作的可靠性	✓	✓
12	寿命试验	分机械寿命和电寿命试验，用闭合断开操作循环的次数表示。有的电器，如断路器要求两者在同一台试品上进行	✓	
13	电磁兼容性（EMC）试验	考核电子电器在电磁干扰作用下工作的可靠性。应进行辐射试验、冲击电压试验、电气快速瞬态/脉冲群试验、振荡波抗扰性试验	✓	

三、电动机起动控制柜的制作

现以一台 130kW 绕线转子电动机频敏电阻起动控制柜的制作为例，详细说明箱、柜的制作工艺和方法。

（一）熟悉设计给出的电路，并分析其工作原理

电路如图 3-1 所示，由图可知，主电路由断路器 QF 作为电源总开关并兼做短路和过载保护；接触器 KM_1 为起动和运转的主接触器，KM_2 为短接转子电路频敏变阻器 L 的短接接触器；电流互感器 TA_1 和 TA_2 有两个作用，一个是为热继电器 FR 提供电流信号，使其实现过载和断相保护，另一个是为电流表 A 测量电流用；电路还采用过电流保护，由过电流继电器 KA 完成。

控制电路有两个时间回路：一个是起动时间控制，由时间继电器 KT_1 完成；另一个是过电流时间控制，由 KT_2 完成；只有 KT_2 的整定值大于 KT_1 的整定值，电路才能正常工作。KT_1 的整定值由负载性质决定，重载起动时间长一点，轻载起动时间则短一点；KT_2 的整定值由电动机的过载系数决定，一般不得大于起动时间的 1.2 ~ 1.5 倍。其他电路功能读者自行分析。

熟悉电路一是要看电路的功能以及电路的功能能否实现，电路设计是否正确；二是要看电气元件选择是否正确，元件能否起到设计要求的作用。如果电路在控制功能和元件选择上有不妥之处，应通过设计变更，任何人不得随意改变设计。如果电路确有错误和不妥，而设

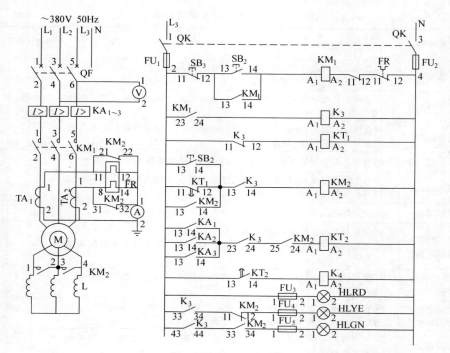

图 3-1   130kW 绕线转子电动机起动控制原理图

计人员难以接受,则应通过技术权威部门的有关专家确认后经建设单位、安装单位和设计单位协商解决。

(二) 确定柜体外形尺寸

控制柜(箱)的元件要固定在柜(箱)内的铁板或绝缘板上,通常把这块板称作面板,其几何尺寸的大小、板厚以及柜(箱)体的几何尺寸、板厚,都是由元件的多少、元件几何尺寸的大小、重量以及元件合理的排列决定的。一般情况下,总开关装在最上方,其次是互感器、接触器,最下部为限流装置,如频敏变阻器,起动电阻、自耦变压器等。继电器宜装在总开关的两侧,但有些继电器为了便于取得信号,应装在总开关和接触器间的主电路中,如电流继电器、热继电器等,而通过互感器的热继电器也宜装在总开关的两侧。接线端子板应装在便于更换和接线的地方,一般宜置于面板的两侧或下方。元件间的排列应整齐、紧凑、并便于接线;元件间的距离,应适于元件的散热和导线的固定排列。元件和元件之间左右的间距一般为 50mm,至少不得小于 30mm,上下的间距应大于 100mm,面板边缘的元件距边至少 50mm,图 3-2a 为由图 3-1 控制原理图做成的控制柜的板面元件布置图。

1) 在电气设备手册中或设备说明书中查出元件的几何尺寸,并标注在图上;在实际工作中常常是把元件按规定间距排列在平台上,然后实测实量即可得出面板的尺寸。

2) 将排成一行的占满上下整个面板的各个元件的高和各个元件间上下最小允许距离相加,即为面板最小允许高度 H'',如图中断路器 QF、电流继电器 KA、接触器 KM_1、电流互感器 TA、接触器 KM_2 和频敏变阻器 L 上下排成了一行并占满上下整个面板。

$$H'' = h_1 + h_2 + h_3 + h_4 + h_5 + h_6 + h_7$$
$$+ h_{QM} + h_{KA} + h_{K1} + h_{TA} + h_{K2} + h_L$$

柜体高度最小允许值 $H' = H'' + 100\text{mm}$。

3）将排成一行的占满左右整个面板的各个元件的宽和各个元件间左右最小允许距离相加，即为面板最小允许宽度 B''，如图中时间继电器 KT_1 和 KT_2、断路器 QF、端子板 XT、中间断电器 K_3 和 K_4 左右排成了一行并占满了左右整个面板。

$$B'' = b_1 + b_2 + b_3 + b_4 + b_5 + b_6 + b_7$$
$$+ b_{XT} + b_{KT_1} + b_{KT_2} + b_{QM} + b_{K_3} + b_{K_4}$$

柜体宽度最小允许值 $B' = B'' + 100\text{mm}$。

有时为了缩小柜体的宽度和体积，可将端子板放在柜体的侧面上。

4）同时可将柜（箱）体的最小允许深度确定下来，最小允许深度 D' 是按元件中最厚的那件确定的，板前接线 $D' =$ 最厚元件的厚度 $+150\text{mm}$，板后接线 $D' =$ 最厚元件的厚度 $+300\text{mm}$。由图 3-2 可知，该柜 $H' = 2150\text{mm}$，$B' = 815\text{mm}$，$D' = 600\text{mm}$。

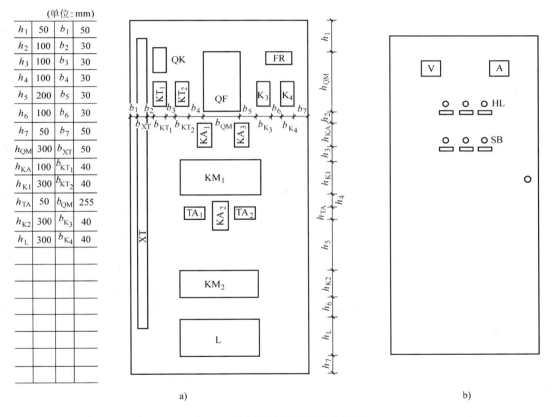

图 3-2　控制柜的板面元件布置图

a）板面元件布置图　b）门面元件布置图

5）将 H'、B'、D' 与 GB/T 3047.1—1995《高度进制为 20mm 的面板、架和柜的基本尺寸系列》中，柜的标准尺寸进行比较，选择稍大于并最邻近计算尺寸的标称尺寸 H、B、D 即为控制柜的外形实际的几何尺寸，即 $B = 1000\text{mm}$，$H = 2200\text{mm}$，$D = 700\text{mm}$。标准系列尺寸见表 3-3。

6）确定面板、柜体、柜门的板厚见表 3-4。

表 3-3　柜体标准尺寸系列表　　　　　（单位：mm）

宽 B	高 H	厚 D	宽 B	高 H	厚 D
280	800	220	1000	2200	700
400	1000	280	1200	2400	800
480	1200	340	1400	2600	1000
520	1400	400	1600	2800	1200
600	1600	460	1800		1600
660	1800	500			2000
800	2000	600			

表 3-4　控制柜（箱）板厚选择表　　　　　（单位：mm）

类别	面板厚度	柜体厚度	柜门厚度	柜内骨架
小型箱	1.0 ~ 1.5	0.5 ~ 1.0	1.0	3 × 30 角钢
中型柜	1.5 ~ 2.0	1.0 ~ 1.5	2.0 ~ 2.5	4 × 40 角钢
大型柜	2.0 ~ 2.5	1.5 ~ 2.0	2.5	5 × 50 角钢

柜体通常有骨架支撑，其板厚可选得薄一点；面板支撑元件并要钻孔套丝，其板应选厚一点；柜门应大于面板厚度，特别是大中型柜，门偏大，为了增加强度，防止开关时振动，一般选的厚一点，可选 2.5mm。

通常面板用钢板制成，有时也可用各类绝缘板，其厚度一般为 8mm。

开门方式应根据柜的大小、用途、接线方式、功能及安装场所而定。小型柜一般为前开门；中型柜为前后开门，同时侧开门；大型柜前后及两侧均开门，便于接线和修理，为开启式。后开门和侧开门有时做成死门，平时用螺钉固定好，必要时可拆下。

7）将信号灯、按钮、表计排列在柜门的板面上。柜门元件的排列一般是表计在上方，其次为信号灯、按钮，最后是锁子开关。排列时距顶、距边的间距一般为 100mm，元件少时可为 200mm，从上往下排列，如图 3-2b 所示，元件少时应先占满上半部。

图 3-3 和图 3-4 是该柜的外形和尺寸。

（三）下料画线

柜体的制作是在钣金工、电焊工、机工的配合下，经下料画线、剪板、折边、开孔、焊接、喷漆等工序而完成的。其中下料画线和剪板是关键的一步，几何尺寸必须与计算尺寸相符，否则将造成柜体不规则、元件排列太紧，或浪费钢材，给装配带来很多不利。

1）柜体侧面的下料画线及尺寸。让我们先看一下柜体上下截面的结构形式，一般有两种，柜门平板式和柜门凸出式，如图 3-5a 和图 3-6a 所示。再看一下柜体侧面的展开图，如图 3-5b 和图 3-6b 所示。

柜门平板式柜体侧面的下料尺寸为 $(H - 柜顶板\ t) \times (D + d + e + f + g - 4 \times 0.5t)$，其中 $4 \times 0.5t$ 为折角时钢板变形增加的余量，4 为折角次数，t 为钢板厚度，并按图 3-5b 用画针将虚线画好，图中的虚线就是折角线，$0.5t$ 的折角余量应统一减在虚线的左侧或者右侧，严禁混淆，这样将给折角时带来很大方便。

柜门凸出式柜体侧面的下料尺寸为 $(H - 柜顶板\ t) \times (D + d + e - t + g - 3 \times 0.5t)$。

2）柜门的下料尺寸。柜门平板式柜门的下料尺寸为 $[H - 250 - t + 2(e - t) - 2 \times 0.5t] \times [B - 2d - t + 2(e - t) - 2 \times 0.5t]$ 其中，250 为上门槛和下门槛的宽度，$-t$ 为门缝间隙系数，$e - t$ 为折角时减去一个板厚，如图 3-5c 所示。

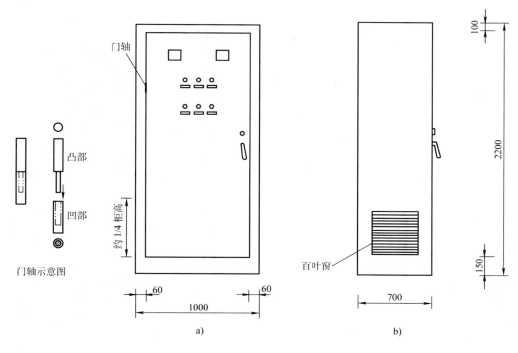

图 3-3　平板柜体结构图（一）

a）正面图　b）侧面图

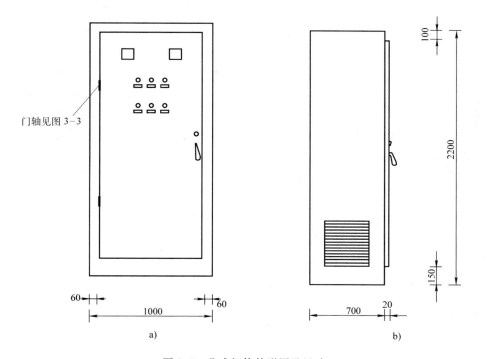

图 3-4　凸式柜体外形图及尺寸

a）正面图　b）侧面图

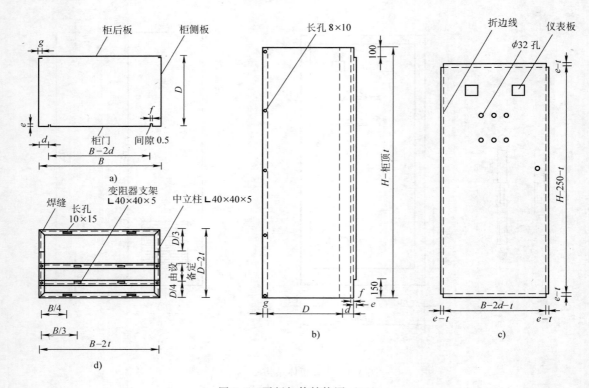

图 3-5　平板柜体结构图（二）

a）柜体截面图（左开门）　b）柜体侧板展开图　c）柜门展开图　d）下框架平面图

柜门凸出式柜门的下料尺寸为 $(H - 250 + 2t + 2e - 2 \times 0.5t) \times (B - 2d + 2t + 2e - 2 \times 0.5t)$，没有门缝间系数，做起来较容易，如图 3-6c 所示。

3）面板的下料尺寸。面板的下料尺寸一般为 $H'' \times B''$ 即可，但是因为柜体按标准系列做了调整，有时 $H'' \times B''$ 和柜体相比有些偏小，因此面板也要适当调整。通常面板的安装是从柜顶放进柜内的，因此其高和宽应略小于柜体高度和宽度即可，但频敏变阻器是安装在下框架上的，因此面板高度可减去 300mm，这样平板式和凸式的面板尺寸都可以定为 $(H - 300) \times (B - 4t)$。

4）柜后板的下料尺寸。活动型柜后板用螺钉和柜体连接，必要时可取下，下料尺寸为 $(H - 2t) \times (B - 2t)$，如图 3-7e 和图 3-8e 所示。

固定型柜后板用电焊机点焊在柜体上，下料尺寸为 $H \times B$。

5）柜顶盖板的下料尺寸为 $D \times B$，如图 3-7d、图 3-8d 所示。

6）门口上下挡板的下料尺寸：

① 上挡板：柜门平板式下料尺寸为

$$(B - 2d + 2e - 2 \times 0.5t) \times (100 + e - 1 \times 0.5t)$$

如图 3-7a 所示。

柜门凸出式下料尺寸为

$$(B - 2d + 2e - 2 \times 0.5t) \times (100 + e - t - 1 \times 0.5t)$$

如图 3-8a 所示。

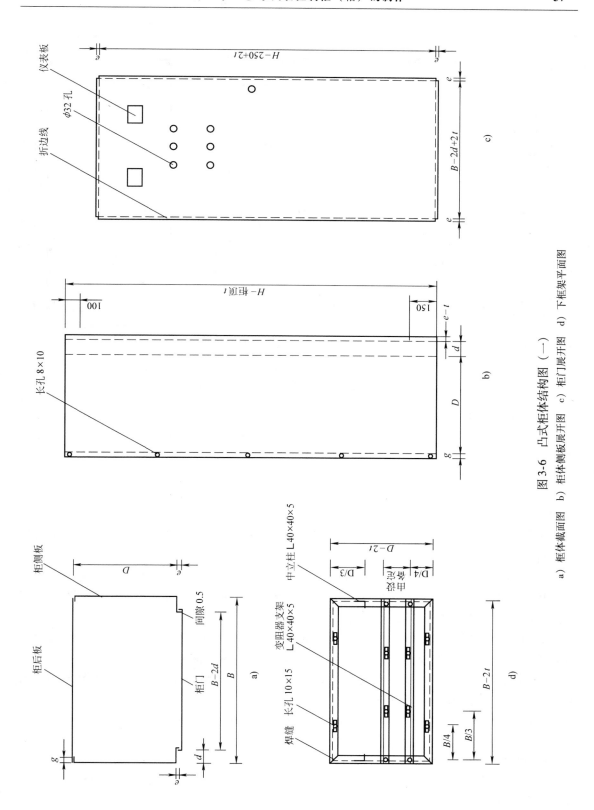

图 3-6　凸式柜体结构图（一）

a) 框体截面图　b) 柜体侧板展开图　c) 柜门展开图　d) 下框架平面图

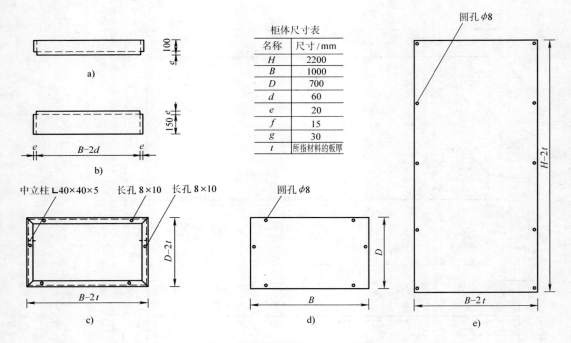

图 3-7　平板柜体结构图（三）
a）上挡板展开图　b）下挡板展开图　c）上框架平面图　d）柜顶盖板　e）柜后挡板

② 下挡板：柜门平板式下料尺寸为

$$(B - 2d + 2e - 2 \times 0.5t) \times (150 + e - 1 \times 0.5t)$$

如图 3-7b 所示。

　　柜门凸出式下料尺寸为

$$(B - 2d + 2e - 2 \times 0.5t) \times (150 + e - t - 1 \times 0.5t)$$

如图 3-8b 所示。

　　上挡板和下挡板的下料尺寸，有时为了准确，等柜体组装时实测尺寸后再下料，但批量生产应整体下料。

　　7）柜顶和柜底角钢框架的下料用 40mm×40mm×5mm 角钢，其下料尺寸为 $D - 2t$ 四根，$B - 2t$ 的四根，误差为 ±0.5mm，并将端部锯成 45°角，加工方法见金工件制作。如图 3-5d、图 3-7c、图 3-6d、图 3-8c 所示。

　　8）中立柱和电气梁用 40mm×40mm×5mm 角钢，中立柱长 H-柜顶板 t-2×5，其中 5 为角钢厚，电气梁长 $B - 2t - 2 \times 5$；均开长孔 9mm×120mm，间隔 30mm。

　　9）固定频敏变阻角钢的下料用 40mm×40mm×5mm 角钢，$B - 2t$ 两根，如图 3-5d、图 3-6d 所示。开长孔 10mm×15mm。

　　角钢下料应用手工锯或电动无齿锯，严禁用气割下料。

　　10）下料画线的基本要求：

　　① 尺寸计算好应经第二人复核，无误后便可在钢板上画线。

　　② 钢板一般应为冷轧板，板面应平整、光滑、无锈蚀，轻微凹凸应先作平整处理，严重凹凸的钢板不能制作控制柜。

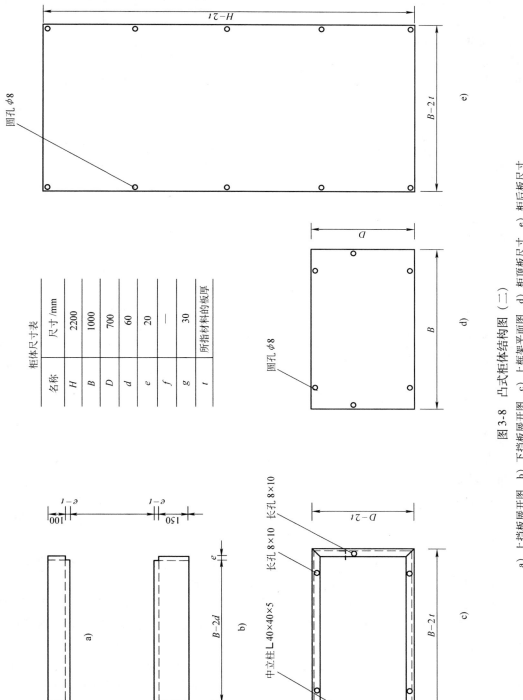

柜体尺寸表

名称	尺寸/mm
H	2200
B	1000
D	700
d	60
e	20
f	—
g	30
t	所指材料的板厚

图 3-8　凸式柜体结构图（二）

a) 上挡板展开图　b) 下挡板展开图　c) 上框架平面图　d) 柜顶板尺寸　e) 柜后板尺寸

③ 画线前应测量准确，使用的量具有钢板尺、盒卷尺、钢角尺，钢角尺应为 2m；画线和测量应在平台上进行；画针应为高碳钢制成尖角为 15°～20°，并经淬火的针，画线的方式如图 3-9 所示。

④ 应先在钢板的一端用钢尺画出一个长大于 2m，宽大于 1m 的直角来，如图 3-9 所示，然后以此条线为基准，依次测量并确定各条线的位置，然后依次画出。画好的线应经第二人复核尺寸，下料线用实线表示，折角线用虚线表示，下料线和折角线应同时画出。

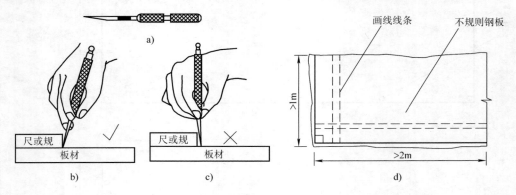

图 3-9　画针及画线方法
a）画线针　b）正确画法　c）错误画法　d）不规则钢板上画线

⑤ 线画好后应保证所有横向的线要平行，所有竖向的线也要平行，并测量各个矩形的对角线，应相等。画线是保证柜体质量的第一步。

⑥ 如果柜后为开门式，则和前开门相同，如图 3-10 所示。

可以根据前述确定柜体侧面的下料尺寸和展开图，并增加上下门挡板料各一块，柜门板两块（假设后门为双开门，其他不变）。

读者可自行分析大型柜四边全开门的情况，方法同上。

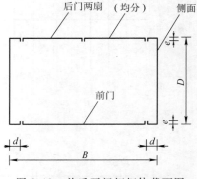

图 3-10　前后开门柜柜体截面图

（四）剪板下料

线画好后并经复核无误即可在剪板机上剪板下料，剪板下料就是要把画好四边轮廓线的柜体侧面、柜门、面板、柜顶盖板、柜后板从整块钢板剪下来。

剪板前应先用其他零星废料试剪一次，看其刀口和裁口是否严密，框量是否大，否则需要调整。被剪开的两半板其剪开处应平整，无任何受压的痕迹。通过试剪也能掌握下料线在剪板机平台上放置的位置，力求剪刀对准下料线或前错后错的位置一致。剪板的误差为 ±0.5mm，否则将不能保证柜体的方正及门的严密。剪板操作应由有经验的熟练工人进行，非操作人员不得擅自开动剪板机，剪板时应注意安全，一般由两人作业，脚踩进刀开关时，人体任何部位不得在刀口处。

正式剪板时，先合上电闸使电动机转动起来，然后把钢板置于平台之上，对准剪刀位置，一般可用钢板尺测量，无误后即可脚踩进刀开关，剪刀直下即可把板剪开。每剪一块应测量其尺寸是否和画线相符，剪下的料应用方尺测量是否方正，否则应再次调整剪板机或者更换剪板人员。

小型箱数量极少时，如无剪板机，可人工下料。料线锯开。

任何时候、任何情况下严禁用气割下料，防止变形及强度减弱。

（五）开孔

1. 开孔位置画线

孔形一般有方形、长方形、圆形、长圆形等，画线方法同前，几何尺寸要准确无误，特别是手工开孔更要准确。仪表孔尺寸应比仪表嵌入尺寸大 1 ~ 2mm，按钮孔、信号灯孔的直径应比按钮、信号灯嵌入部分的尺寸大 1mm。

开孔的尺寸最好以实物实测实量，因为手册上提供的是一个厂家的尺寸，同样型号的元件不同生产厂家，其几何尺寸往往不一样。

开孔主要是柜门，这是给使用者的第一印象，因此必须方正、比例合适。

2. 手工开孔

先用手电钻或小台钻在开孔线内侧沿轮廓线钻孔，孔距为 0 ~ 0.5mm，钻头一般为 $\phi 2$ ~ 2.5mm，大孔可用 $\phi 3$ ~ 4mm，钻孔方法同前。钻孔后的钢板情况如图 3-11a 所示。

钻好孔后用扁铲将小圆孔和小圆孔间的连接部分切开，然后将小圆孔围成的中间部分取掉，如图 3-11b 所示。

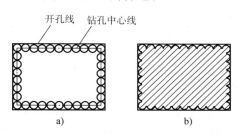

图 3-11 手工开孔示意图

用钢板锉将齿状圆孔或方孔的齿锉掉、锉平，最后成圆弧形和直线形，其大小尺寸要随锉随用实物比较，当实物能放入孔内，即可停止锉，然后把毛刺锉掉即可。直线形孔要求横平竖直。

手工开孔时，严禁用气割开孔。

3. 机械开孔

机械开孔应预先加工需要开孔形状的模具，一般是提供加工尺寸、钢号、精度、画图后由钳工制作，或者由专业厂家制作。

机械开孔应使用冲床，先将模具在冲头上夹紧，用零星废料试冲，并测量开孔的尺寸及形状，应和元件尺寸形状相符，否则应调整。

试好后即可正式冲压，先将要开孔的钢板放在冲床平台上，手盘动冲床飞轮，使模具接触钢板，然后调整钢板的位置，使开孔画线部位和模具对准吻合，并画下钢板在平台上的冲压位置，然后把冲头盘回原来位置，即可开动冲床。

先合上电闸，重新复核钢板在平台上的位置，无误后即可脚踩冲头开关，冲头下降，即可开孔。然后再测量其尺寸和是否方正，否则应重新调整设备。冲床的精度是保证开孔的条件之一，再者是模具的精度。

散热百叶窗的开孔只能在冲床上进行；角钢上的开孔应用钻床或台钻，长圆孔用铣床；进出线的开孔必须用冲床进行，并且使孔在内侧成喇叭口状，必要时可用锉打磨光滑，如图 3-12所示。

冲床开孔要注意安全，通常由一人操作，踩动脚踏开关时，身体的任何部位应离开冲床。机械开孔必须保证位置的准确和开孔的方正。

（六）折角

折角也称折边，是在折边机上进行的，有些部位折边机难以折到，再用手工修补，最后成型。

折边的质量主要取决于操作人员的熟练、经验、画线的准确及折边机的精度。误差大，制成的柜体其外形尺寸、水平度、垂直度、方正都难以保证，以至成为废品，这是不允许的。折角的成套模具应由专业厂家加工，一般模具的 R 弧应小于 3mm。

1）将零星废钢板放在折边机的平台上试折，看其折角是否规则，框量是否过大，必要时则应调整，折角的误差应掌握在 ±0.25°左右。此外还应检测模具的折角角

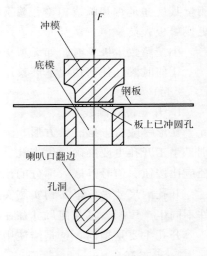

图 3-12　喇叭口形成冲孔示意图

度，并把模具取下，放在检测平台上，看其水平度。模具的全长和检测平台的间隙应一致且越小越好。模具包括凸凹两部分。设备和模具检查无误后，重新将模具装好，经复核无误即可正式折角。

2）将画好折角线的钢板放在折边机的平台上，并将折角线对准模具的凹部的中心线，然后将钢板卡紧，使受振动时无位移，否则会跑线。开动折边机，按动或脚踏折边开关，模具凸部下降，将画线部位压入模具凹部，同时应用手将折边的宽边推起，如图 3-13 所示，以免重力将角下弯或不规则。

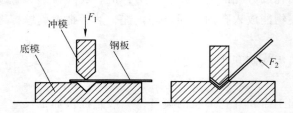

图 3-13　折角工艺过程示意图

3）折好后应用角尺测量折边角度，应符合要求，否则应更换或修理模具，并测量 c、d、e、f、g、B，误差应在 ±0.1mm 以内。

4）每次折角时，模具中心线对准折角线的误差必须保持一致，只有这样，才能在画线准确的条件下，保证折角的一致；如果每次折角误差不一致，必定出现折好角的柜体板有扭筋现象或尺寸不一，造成其中矩形面对角线不相等，最后使柜体不合格。

5）当折柜门一类四边都需折边的板料时，应先将两长边折角，然后再折两端。折两端时如能更换模具最好。更换模具一般有两种情况：一种是更换长度和两端折角长度相等的凸模具，凹模不变，可一次折角成型；另一种是更换成 120°的凸凹模具，折角后再用木槌在平台上敲打成直角，敲打时应在板下垫上长度为与折角长度相等的硬木或钢板，其厚度应为折角短边的长度，如 e、f、g、k 等。将折角线对准在硬木或钢板的直角棱角上，再用力敲打成型，严禁用铁锤或其他金属物敲打。

如无条件更换模具，直接折两端时，应用手工修补没有折到或没有折好的部分，修补方法同上，但将影响门的质量，在批量生产时是不允许的。

6）全部折边加工都是冷加工，不得加热，以防止板面变形及强度减小。

平板式和凸出式折角后各个板面的剖面如图 3-5a 和图 3-6a 所示。

（七）焊接成型

柜体及角钢骨架的焊接必须在焊接平台上进行。如无平台，可选择一块厚 50mm 以上的平整光洁钢板，面积可为 1000mm × 2000mm，四周和中间用 50# 工字钢支起并用电焊点焊好，焊接时应用水平尺（应大于 2m）或水准仪测量水平，调整好后，即可使用。

1. 柜顶和柜底角钢框架的焊接

将锯成 45°角的角钢放在焊接平台上，使角钢的面朝下，组成矩形，如图 3-7c 和图 3-8c 所示。并测量四角和对角线，角应为 90°，对角线应相等。

将组成矩形的角钢的每一个直角先用电焊点焊起来，点焊时电流应小，焊接应快，点焊时应用手（戴手套）或夹具将四角固定好。点焊应在角钢的内侧焊接。且每条焊缝应点焊三点，如图 3-14 所示。点焊好后应重新测量四角和对角线，每角应为 90° ± 0.10°，对角线应相等，误差为 ±0.5mm，否则应拆开重新组对，再焊接测量，直到在标准之内。

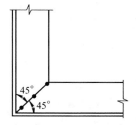

图 3-14　柜体上下框架角结构示意图

经点焊和测量符合要求后，即可正式焊接，焊接应在角钢内侧，并采用单面焊单面成型焊接法，焊工要求基本同金工件制作。正式焊接前应先将电焊机电流调大，然后再焊。焊时应按对角线的顺序焊，且每道焊口应分为几段进行焊接，不应以一道焊口一次焊完，避免焊接变形。焊好后应再次测量四角和对角线，应符合要求，否则焊接有问题。用同样的方法将柜底角钢框架焊好，如图 3-5d 和图 3-6d 所示。

2. 柜体骨架的焊接

柜体骨架的焊接就是将柜顶角钢框架和柜底角钢框架用固定面板的角钢连接起来的焊接，其形状如图 3-15 所示。

将柜底角钢框架口朝下面朝上置于平台上，在其侧面 2/3 处，如图 3-6d 所示（这里要注意 2/3 端为柜体前面，1/3 端为柜体后面）。将两根固定面板的角钢垂直置于上面，宽面朝前，口朝里，如图 3-15 所示，再测量其垂直度，直角处应为 90° ± 0.1°，然后用电焊点焊好，至少点三点，要求及方法同前，点好后再测量垂直度。

再将柜顶角钢架口朝上、面朝下置于平台上，然后再把点焊好的柜底框架和面板角钢倒置过来，让柜底框架朝上，两根角钢朝下，同样放置在柜顶框架的 2/3 处，这时可以发现，应将面板角钢的外侧面锯掉一个面宽（50mm）形成缺口，这样才能和框架全面焊接，如图 3-16 所示。

同样，先测垂直度，然后点焊；点焊好后重新测量

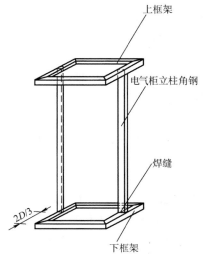

上框架

电气柜立柱角钢

焊缝

2D/3

下框架

图 3-15　柜体骨架示意图

垂直度和两角钢立柱的对角线，要求同前，最后正式施焊。施焊全部在角钢内侧焊接，焊好后再次测量垂直度和对角线，应符合要求。

　　焊好后应将框架内外侧的焊碴清除干净，焊好的骨架应坚固方正。

　　3. 柜体两个侧面的焊接

　　将骨架垂直置于平台上，柜底角钢架朝下，并测量垂直度。然后把折好边的柜体侧面置于骨架两侧，前后要分清，紧贴骨架，然后用棉绳将其上下的四周各捆起来，并扎紧或用特制的卡子卡紧。再次测量柜体外侧的垂直度和上下四角的角度，应为 90°±0.1°，否则应适当调整，即用

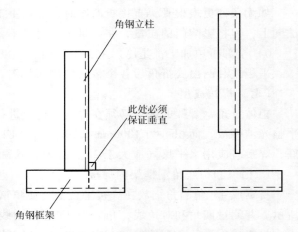

图 3-16　骨架立柱角钢与上下框架角钢的焊接部位示意图

0.5mm 厚的薄板补垫，应很容易调整过来，否则证明前段工作有明显的误差。

　　测量好后即可焊接，这时必须用点焊机焊接，如无条件时也可用电焊机，但应用小电流、小焊条，并用操作人员有熟练的点焊技术，否则不能胜任。

　　凡是紧靠角钢骨架部分的钢板应在柜内每隔 150mm 点焊一点，焊好后重新测量一次垂直度、水平度、四角的角度及四面的对角线，应符合要求。

　　点焊时一是要把调整衬垫的垫片焊牢，再是应试点焊几次，掌握点焊的尺度。点焊后的柜体外面应无明显的焊接痕迹。

　　两个侧面的焊接是柜体焊接的关键。

　　4. 柜体其他部件的焊接及装配

　　1）上挡板和下挡板的焊接。复核上门槛和下门槛的尺寸，然后再按前述方法下料、折边。然后将上挡板和下挡板分别置于上下门槛处，以外侧和柜体前脸平为准，并测量其上下的门槛水平度。然后从内侧点焊，凡和侧面、骨架相接部分每 100mm 点焊一点。

　　2）将柜门板的四角内侧用电焊焊好，并将焊碴清除干净，用锉锉磨平整、光滑，并保证直角。

　　门轴由凹部和凸部两部分组成，一般由圆钢车制而成凹部和凸部的配合要严密适中。将凹部焊接在柜体上，凸部焊接在柜门上，位置应在柜门全长上下的各 1/4 处。位置应准确、垂直。焊好后应清除焊渣，必要时用手砂轮打磨光滑，如图 3-13 所示。

　　将柜门上好，开动应自如，开度应大于 160°，关闭后应叩合严密，否则应调整。必要时可在凹部放少许铅笔末。

　　3）固定式柜后板置于柜后找正后用点焊机点焊好；活动式柜后板置于柜后找正后，在板上标出和柜体或框架一致位置的孔及孔径，然后开孔即可。

　　4）柜顶板置于柜顶之上，找正后，并画出和骨架顶部吊钩孔对应的位置和孔径，然后开孔。开孔后重新放于柜顶上面，在柜内用点焊机焊好。

　　5）上好门把手和门锁，并在骨架底座的前左侧距角 150mm 处焊接一条 M10 的螺钉，作为接地螺钉。

至此，整个柜体已焊接成型，再次测量四面的垂直度、水平度及各面的对角线，应符合要求。

（八）喷漆处理

1）将柜体（包括门、面板、柜后板等）内外的锈迹用砂纸打磨干净，有条件的应进行酸洗处理。

2）用腻子将柜体内外凸凹不平及其他不妥之处腻好，干后再用0#砂纸打磨光滑。

3）喷防锈漆一道，烘干4~8h，烘干温度90℃；再喷色漆一道，烘干8h。外观颜色一般为天蓝、墨绿、大黄、橘红不一，可由设计或甲方决定。批量生产可用静电喷漆或烤漆。

4）喷漆前应用凡士林将门锁、把手涂抹暂时保护起来，喷完漆后再擦掉，或者先拆下来，喷完漆后再装上。另外，喷漆时应将门和后板拆下，分别喷漆，烘干，烘干后再组装起来。烘干后的柜体应做好成品保护，避免碰伤或擦伤。

喷漆处理主要决定于喷漆设备和工艺，如果无条件，也委托专业厂家完成。喷漆处理同样是柜体制作的关键。

（九）电气装配及试验

电气装配及试验分两个阶段：一个是元件装配及装配过程中的试验；另一个是整机测试和试验。

1. 电气元件的测试

为了保证电气装配的质量，所有电气元件在上板前都应做必要的检查及试验。内容主要有两方面：力学性能和电气性能。

1）所有元件都必须有产品合格证书、使用说明书、接线图，仪表还必须有计量检定部门出示的检定证书。断路器、接触器、频敏变阻器、过电流继电器、热继电器还应有厂家产品制造许可证的复印件。元件的铭牌应清晰、规则。

2）检查外观应无破损和机械损伤，可动部分灵活无卡，附件完整齐全，线圈参数清楚可见，铁件无锈蚀，铁心截面光滑整洁、无毛刺。仪表表面完整，指针可动，接线螺钉坚固。

3）用500V绝缘电阻表测试断路器、继电器、接触器等元件的相与相、相与外壳（上下闸口都要测）以及频敏变阻器或元件的线圈等正常工作时通电部件端子对金属外壳的绝缘电阻，其阻值应大于2MΩ。

4）通电试验。通电试验就是给元件的工作线圈通电，然后测量其触点的开关性能和接触电阻；有时叫作空投试验，然后使用升流源给开关的主触点或电流线圈通以电流，测量触点在额定电流或过载电流下的工作状态，以及电流线圈的工作状态，进而证明元件的可靠性和稳定性，保证柜的质量。

通电试验时，先从电源上引下临时电源，用单相开关接好，并装好熔丝，一般用1A的熔丝。电源的电压应和元件的线圈电压相符，通常控制电压选用220V或380V。

有关接触器、中间继电器、断路器、电流继电器、时间继电器、热继电器、频敏变阻器、按钮、指示灯的试验详见本丛书《电气设备、元件、材料的测试及试验》分册。

2. 元件在面板上的固定

元件在面板上的固定包括画线、钻孔、套丝、垫绝缘、固定等工序。

（1）画线定位　将面板置于平台之上，把板上的元件（断路器、接触器、继电器、端子板、单相开关、互感器等）按原来排列的位置、间隔、尺寸摆放在面板上，摆放必须方正，并核对间距，如图 3-2a 所示。对原设计有无修正和更变，必须在画线定位前确定下来，画线定位后，不得再进行更改。

（2）画线　按照元件在面板上的排列位置，用画针划出元件底座的轮廓和安装螺钉孔的位置，画线前再次复核元件摆放是否方正。螺钉孔的位置如不易画时，可将少许粉笔末撒在元件的螺钉孔内，即将元件取掉，便在面板上留下元件的准确的螺钉孔位置，然后再用画针或画规，画出螺钉孔的准确位置。断路器、接触器必须画出 4 个螺钉孔的位置，其他小型元件可画三个或两个。同时将固定面板的螺钉孔位置画出。画好线后，将元件取掉。画线时、断路器、接触器应在面板的中心轴线上。

（3）开孔及攻螺纹　断路器和接触器应用 M8 或 M10 的螺钉固定，开孔则用 $\phi6.7$mm 或 $\phi8.4$mm 的钻头，然后用 M8 或 M10 的丝锥攻螺纹。螺纹底孔直径选择见表 3-5。

表 3-5　螺纹底孔直径选择表　　　　　　　　　　（单位：mm）

螺纹直径	钻头直径		螺纹直径	钻头直径	
	材　料			材　料	
	生铁和青铜	钢和黄铜		生铁和青铜	钢和黄铜
3.0	2.5	2.5	12	10.0	10.0
3.5	2.9	2.9	14	11.7	11.8
4	3.3	3.3	16	13.8	13.9
5	4.1	4.2	18	15.1	15.3
6	4.9	5.0	20	17.1	17.3
7	5.9	6.0	22	19.1	19.3
8	6.6	6.7	24	20.6	20.7
9	7.6	7.7	27	23.5	23.7
10	8.3	8.4	30	26.0	26.2
11	9.3	9.4			

丝锥一组有三个，即头锥、二锥和三锥，攻螺纹时，先将头锥的头部插入孔内，并与面板垂直固定放好，应使丝锥的中心轴线与孔的中心线一致，然后用 150mm 小拔手轻轻按顺时针方向转动丝锥，同时略加压力使丝锥进刀。进刀后不必再加压力，每转动丝锥一次，反转约 45° 以割断切屑，以免阻塞。如果丝锥旋转困难，切不可增大旋转力，特别是在厚板或角钢上攻螺纹，否则会将丝锥折断。丝锥旋转困难是因为底孔直径太小或丝锥刀钝，底孔被金属切屑堵塞。经均匀缓慢转动后将板攻透，然后按逆时针方向将丝锥轻轻倒出，再用二锥攻螺纹一次。然后用和丝锥对应的螺钉试拧一下，看是否合适。必要时应用三锥再攻一次。攻螺纹时，为了减小摩擦、使丝锥冷却、提高工件粗糙度和延长丝锥的使用寿命，攻螺纹时应涂润滑剂。钢板攻螺纹应涂菜籽油，严禁用机油或其他矿物油，这些油质阻力大，对粗糙度和丝锥都有不良影响。

其他元件应用 M4（或 M3）螺钉固定，应用 $\phi3.3$mm（或 $\phi25$mm）的钻头开孔，用 $\phi4$mm（或 $\phi3$mm）的丝锥攻螺纹，元件直接固定在面板上。

此外，要说明一点，接触器和断路器体积较大，也比较重。因此，除在面板上固定外，其板后应加电气梁加固。为保证元件的拆卸方便，电气梁应和面板对应开孔攻螺纹，位置必须准确无误。通常是将电气梁和面板在柜内装好，然后再把面板开孔的位置画下电气梁开孔的位置，再开孔攻螺纹。

（4）元件的固定　准备 0.1～0.2mm 厚的青壳纸或玻璃纸和油笔、剪子，将元件放在纸上，然后用油笔沿元件底座的轮廓画出元件的底座轮廓线，并用剪子将其剪下。再用冲子在纸上冲出元件固定的螺钉孔，注意螺丝不宜太长。

配线有两种形式：一种是将面板装于柜内再配线；另一种是先在柜外配线，再装于柜内。根据配线形式不同，固定元件时，可将面板和电气梁装于柜内，再固定元件；也可直接在面板上固定元件，配好线后再装于柜内。

选择和攻螺纹相应规格的螺钉，先把剪好的绝缘纸垫好，再把元件紧固好于面板上。螺钉不宜太长，一般穿过面板 5mm 即可，固定接触器和断路器的应穿过电气梁 5mm 即可，每条螺钉应套有相应规格的平光垫和弹簧垫各一个。先将弹垫、平垫套在螺钉上，然后插进元件孔内，对准螺钉孔，紧固螺钉时应用扳手或套筒（适用于六方平头螺钉）、十字旋具或一字旋具（适用于十字螺钉或一字螺钉），严禁用钳子，禁止用一字旋具紧固十字螺钉。紧固螺钉时，应再次复核元件的方正，如果歪斜，应做必要的调整。

元件全部装好后，应用 500V 绝缘电阻表，再次测量元件正常工作时带电部分及不带电部件、底座与面板的绝缘电阻，应符合各自标准。

3. 配制主回路母线

主回路母线常用铝母带、铜母带制作，也有用铜导线制作的。

本柜系 130kW 电机起动柜，母线可选用 25mm×3mm 的铝母带制作。大型或重型母线的制作，将在变配电装置中讲述。

1）母线模型的制作。可用单根独股 2.5～4mm² 的导线线芯制作。先将导线抻直，并大约估计长度，从长线中截下，然后从两个元件的接线螺栓孔开始比试，再将导线煨成一定的形状，如图 3-17a 所示。图中所示为断路器到电流继电器的模型及制成母线的示意图。模型撇制两个：其中一用作模型，比照其制作母线；另一个伸直后作为该段母线长度的下料尺寸。

2）母线的下料。将伸直的模型的长度，再加上两倍的母线厚度（一个弯加一个）即为该段母线的下料尺寸。将尺寸量好，并在母带上画好线。母线要直，否则应进行平整矫正，另外母线的质量要优良，不得有沙眼、气泡等不妥之处。下料应用手工钢锯锯割，不得用扁铲或气割。

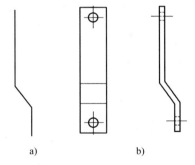

图 3-17　母线模型及制作

3）撇制成型。将母带夹在台钳口上，台钳口所夹部分的两侧应垫一块 20mm 厚的硬木板，夹的长度正是图 3-17b 中撇制的部分，尺寸要卡对，台钳要夹紧。然后用力推母带，同时用木槌敲打所夹的根部，并用另一只模型比试，其弯曲的角度应和模型一致。第一个弯撇好后，再撇另一个弯，撇制的方向要和模型一致。撇好后从台钳上取下，先在两个元件上比对一下，如不合适可做微小的调整，主要是角度。任何时候、任何条件下，不准将撇好的弯平直后，再重新撇弯，特别是小于 150°以后是绝对禁止的。因为这样的弯平直后，母线已有损伤，对今后运行是不利的，容易烧断或发热。

4）钻孔。先将撇好的母线在两个元件间的比试，并画出钻孔的位置，然后再在台钻上钻孔。孔径一般应比固定螺栓大 1mm 即可，切忌将孔钻大和钻歪，因为这样将影响载流能力。钻好孔后将其用螺栓固定在元件之间，再检查一下有无不妥。然后将其拆下，用锉将锯口和钻孔部位的毛刺、棱角锉光，使其行成圆弧状、避免尖端放电。

5）刷漆。将摵制好的母线两面，按 A、B、C 相序分别刷上黄、绿、红色的调和漆，其端部和元件接触部分不刷，应留出 30mm（一个板宽）。也可用彩色涤纶不干胶带标出相序。相序的排列应符合表 3-9 的要求。

6）安装。刷漆干后即可安装，应在和元接触部分的两侧抹上导电膏，不要太多，然后用螺栓紧固好，同时应配以平光垫和弹簧垫。紧固时必须用套筒搬子，并用 0.05mm × 10mm 塞尺进行检查，塞入部分应≤4mm。

7）注意事项：

① 主回路的母线必须悬空安装，距面板之间以及相与相之间最小距离为 30mm，距门的距离应大于 100mm。

② 主回路母线安装好后，应用 500V 摇表测量其绝缘电阻，应大于 2MΩ。

③ 紧固母线的螺栓其螺母应露扣 2 ~ 3 扣，最多不超过 5 扣，且应一致。

④ 对应母线的弯曲应一致，力求美观。

4. 配制二次控制回路

二次控制回路应用 1.5 ~ 2.5mm^2、500V 的单根塑料铜线配制，一般用黑色导线，不得用铝芯导线。如果有电子线路、弱电回路等可用满足电流要求的细塑料铜线配制，但要求正极用棕色，负极用蓝色，接地中线用淡蓝色；晶体管的集电极用红色，基极用黄色，发射极用蓝色；二极管、晶闸管的阳极用蓝色，阴极用红色，门极用黄色等。

配线前要准备好剥线钳和写好端子号的异型塑料管。异型管一般采用白色管并用医用紫药水来写，按二次线的编号书写。每隔 15mm 写一组端子的一个号，一组为二个相同编号的端子号。写完后在电炉子上烘烤 3 ~ 5min 即可，永不退色。使用时用剪子剪下，一对一对的使用，分别套在一根导线的两端。电子线路、弱电回路通常不编号，但晶闸管门极等电路，应按设计编号统一编号。写号一般用专用写号笔写。

批量生产时，端子编号采用成品，主要型号有 FH1、FH2、PGH 和 PKH 系列。

FH1 和 PGH 为管状接线号，使用时，应在导线压接端头前套入。FH1 系列接线号品种规格见表 3-6。PGH 系列接线号采用热压打印，规格和 FH1 系列相同。

表 3-6　FH1 系列接线号品种规格

序号	型　　号	适用导线截面积/mm^2	标 记 内 容
1	FH1-0.75/□GZ	0.75	本系列接线号均为一字一节，每种规格均具备： 阿拉伯数字：0 ~ 9 英文字母：A ~ Z　S ~ Z 符号：+、-、~、⏚、/
2	FH1-1/□GZ	1	
3	FH1-1.5/□GZ	1.5	
4	FH1-2.5/□GZ	2.5	
5	FH1-4/□GZ	4	
6	FH1-6/□GZ	6	
7	FH1-10/□GZ	10	

注：分母中的“□”表示选用符号内容，GZ 表示特征代号。

FH2 和 PKH 为开口式接线号，使用时，可在导线压接端头以后，利用引导杆将接线号套入导线上。FH2 系列接线号品种规格见表 3-7。PKH 系列接线号字迹凹陷于管座内，规格和 FH2 系列相同。

表 3-7　FH2 系列接线号的品种规格

序号	型　号	适用导线截面积/mm²	标　记　内　容
1	FH2-0.75/□KK	0.75	
2	FH2-1/□KK	1	本系列接线号均为一字一节，每种规格均具备：
3	FH2-1.5/□KK	1.5	阿拉伯数字　0~9
4	FH2-2.5/□KK	2.5	英文字母　A~Z　a~z
5	FH2-4/□KK	4	符号：+、-、、~、丰、╱
6	FH2-6/□KK	6	

注：分母中的"□"表示选用数字、符号内容，KK 为特征代号。

（1）配制二次回路的工艺守则　二次回路是电气工程或电气产品中一重要环节，技术性强，技术要求较高。不但要求接线正确可靠，还要求有规则且美观大方，具有艺术性。因此，要制定二次回的工艺守则，进而保证安装质量。

1）应从控制电源的始端开始接线，直至第一个回路接完，并使回路最后回到控制电源的末端。所谓回路是指能够完成元件得电的通路。然后按回路编号再接第二回路、第三回路，直到最后一个回路。如果一个元件有几个得电的通路，应按顺序一一接完，才算完成该回路的接线。

2）每接完一个回路，或者一个回路中的一个通路，应将控制电源的开关合上，使控制回路有电，并操作该回路或通路中的能使回路通电的部件，如按钮、继电器的有关触点等。有时需接临时按钮试验，然后再拆掉。继电器触点的动作可用手压下电磁铁的衔铁，使其触点闭合或打开。然后根据电路的原理，看其动作是否正确。若动作不正确或不动作，则说明接线有错误、导线折断、接线松动或者元件损坏等原因，应立即查出并修复。

3）接往门上各个元件的导线，应将其先接在端子板上，面板上的二次线全部接完以后，再将柜门上各个元件的导线接至柜门上的端子板，然后对照编号用 2.5mm² 的多股软塑料绝缘铜线将两个端子板上的端子对应连接起来，最后将软铜塑线束用绝缘布包扎起来。接线时同样应按回路进行试验，以避错误。

4）每接一根导线时，无论接到任何部件上，都应套上接线号，一端一个，最后把接线号固定在元件的端子一端，字符朝外。任何导线中间不得有接头。端子板或元件的接线端子一般接一根导线，最多不得超过两根。

5）每个接线端子都应有平光垫或瓦形片及弹簧垫。用瓦形片压接的接线螺钉处，导线剥掉绝缘直接插入瓦片下，用螺钉紧固即可；用圆形垫片压接的接线螺钉处，导线剥掉绝缘后需弯制顺时针的小圆环，直径略大于螺钉直径，穿在有平垫的螺钉上，拧紧即可。

6）二次导线应从元件的接线螺钉接出，然后拐弯至面板并沿着板面走竖直或水平直线到另一元件的接线螺钉，用上述方法接到另一元件的端子上，一般不悬空走线。但同一元件的接点连接，或者相邻很近的元件之间的连接可以悬空接线。二次线应横平竖直，避免交叉，拐弯处应为 90°角，但应用足够的 R 弧，以免折断导线，如图 3-18 所示。

7）二次线应从元件的下侧走线，送至端子板或其他元件，并尽力使两列元件之间（上下之间、左右之间）的导线走同一路径，并用线卡或捆线带捆紧，使其成为一束，不得用金属线捆扎。一束导线的截面应为

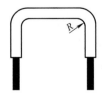

图 3-18　导线在端子上的固定

长方形、正方线、三角形、梯形等规则图形，如图 3-19 所示，线束横向 300mm、纵向 400mm，应有一固定点，不能晃动。二次线在上述条件的约束下，应尽可能地走捷径。

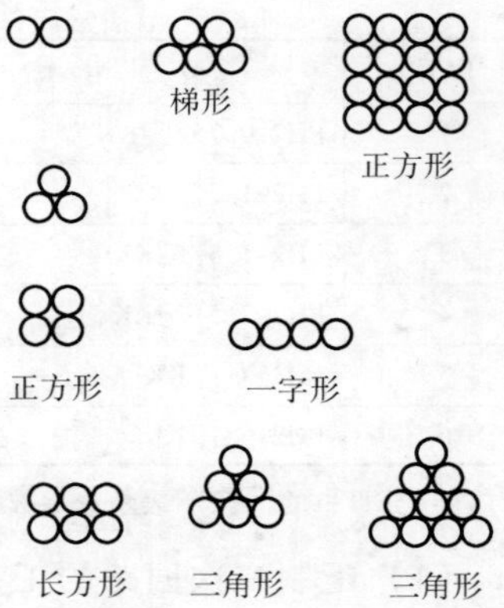

8）控制电源应从总开关的上闸口取得，这样可在总开关不合闸的状态下，也就是电动机不转的情况下，控制回路仍然有电，以便测试控制回路动作是否正确，这对运行、修理和安装有很大的方便。

9）接线前应将整盘的导线用放线架放开，每 2m 截下一节，然后用钳子夹住端部，把导线抻直，不得有任何死弯。打扭的线抻直后不得再用。

10）在绝缘导线可能遭到油类腐蚀的地方，应采用耐油的绝缘导线或采取防油措施。

图 3-19　导线束的截面图

（2）配线工艺　以图 3-1 和图 3-20 为例，说明按电气原理图配制二次回路的配线工艺，其中端子板接线图以图 3-21 为准。

1）从断路器 QF 的 L_3 相上闸口接出一电源线，接在刀开关 QK 的上闸口 1# 端子上；

2）从刀开关 QK 的下闸口接出一控制电源线，经①线束接至 1# 端子板，线号 $QK2\text{-}X_{1-1}$；

3）将端子板 X_{1-2} 至 X_{13-2} 共 13 个端子用导线并接起来，形成⑦线束，作为每个回路的电源始端子，连接线做成 π 形，插接在端子的瓦形垫下，如图 3-18 所示。此线可不标注线号；

4）将端子板 X_{17-2} 至 X_{26-2} 共 9 个端子用 π 形线接起来，形线束⑧，作为每个回路的电源末端子，也就是零线端子。然后将 X_{17-1} 端子板接线并经⑥、①线束接至 QK 的下闸口 4 号端子线号 $X_{17-1}\text{-}QK_4$；

5）将 QK 的上闸口 QK_3 经线束①、⑥接在端子板 X_{45} 上，X_{45} 是电源的零线端子，线号 $QK3\text{-}X_{45-1}$，使用时将三相四线的电源零线接在 X_{45-2} 上；

6）以 X_{13-2} 上先接出一临时线，接至按钮 SBS_{11} 上，再将 SBS_{12} 接在 X_{14-2} 上，同时用 π 形线将 X_{14-2} 和 X_{15-2} 连起来；

7）从 X_{15-2} 上再接出一临时线，接至按钮 SB_{1-13} 上，再将 SB_{1-14} 接在 X_{16-2} 上；

8）从 X_{16-1} 接线经⑥、③线束接至接触器 KM_1 线圈的 A_1 端，线号 $X_{16-1}\text{-}KM_1A_1$；

9）从 KM_1A_2 接线经线束③、⑥、②接至中间继电器的 K_{4-11} 端，线号 $KM_1A_2\text{-}K_{4-11}$；

10）从 K_{4-12} 接线经②、⑨线束接至热继电器 K_{11} 端，线号 $K_{4-12}\text{-}K_{11}$；

11）从 K_{12} 接线经⑨、②、⑥线束接至 X_{23-1}，线号 $K_{12}\text{-}X_{23-1}$；这时控制回路已接完第一个通路。

【试验一】　先将接好的 QK 上闸口的线摘掉，接上临时的 220V 电源，这里要注意区分相线和零线，相线应接在 1 号端子上，零线接在 3 号端子上、不能接错。开关中的熔断器应接上 1A 的熔丝，不宜过大。然后用万用表的交流电压档测量上闸口的电压，应为 220V。

把 QK 合上，按下按钮 SB_1（不松手），接触器 KM_1 的线圈有电，KM_1 应吸合，同时再按下按钮 SBS，KM_1 应掉闸释放；当按下 SB_1 时，KM_1 吸合，松手后应立即释放；按下 SB_1（不松手），同时按下中间继电器 K_4 的衔铁，KM_1 应释放；否则有错误，应查出故障点，一

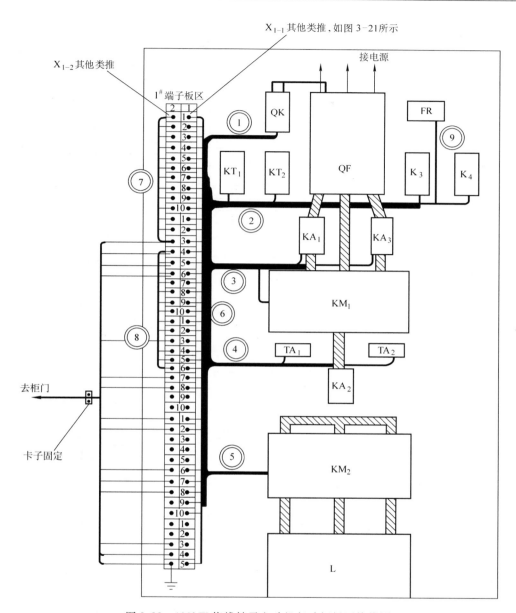

图 3-20　130kW 绕线转子电动机起动柜板面接线图

般是虚接或接错端子。如有熔丝熔断，则是回路有短路的地方，应查出。试验完后，将 QK 拉闸。

12）从 X_{15-1} 接出线经⑥、③束接到 KM_1 常开触点 KM_{1-13} 上，线号 X_{15-1}-KM_{1-13}；

13）将 KM_{1-14} 接至 KM_1 线圈 A_1 端子上，完成自保回路；

【试验二】　将 QK 合上，按下 SB_1，KM_1 有电吸合，当松开 SB_1 时 KM_1 不释放，实现自保；按下 SBS 或按下 K_4 的衔铁，KM_1 释放。否则接线有错误，应查出修复，记住拉闸。

14）从 X_{1-1} 接出线经⑥、③线束，接在 KM_1 的第二副常开点 KM_{1-23} 上，线号 X_{1-1}-KM_{1-23}；

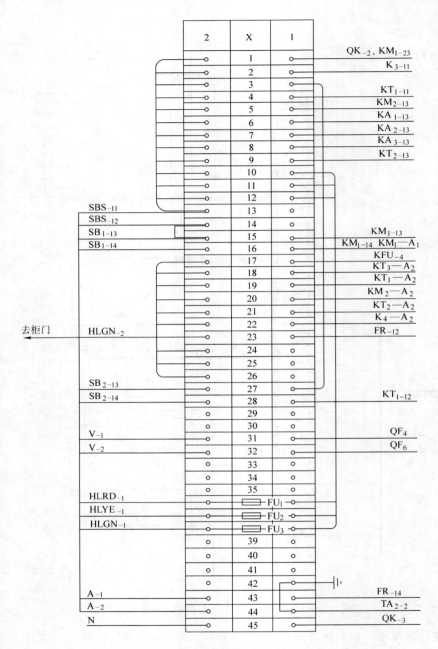

图 3-21　端子板接线图（对应图 3-1）

15）从 KM_{1-24} 上接线经③、⑥、②线束接在中间继电器 K_3 线圈的 A_1 端子上，线号 KM_{1-24} - K_3A_1；

16）从 K_3A_2 接线经②、⑥线束接到 X_{18-1} 上，线号 K_3A_2 - X_{18-1}；这时已接完了第二个道路。

【试验三】　合上 QK，按下 SB_1，K_3 应和 KM_1 同时吸合，按下 SBS 应同时释放；否则有错，及时修复，注意拉闸。

17）从 X_{2-1} 接线经⑥、②线束接至 K_3 的第一副常闭触点的 K_{3-11} 上，线号 X_{2-1}-K_{3-11}；

18）从 K_{3-12} 接线经②线束接到时间继电器 KT_1 的线圈首端 A_1，线号 K_{3-12}-KT_1A_1；

19）从 KT_1A_2 端接线经线束②、⑥接到 X_{19-1} 上，线号 KT_1A_2-X_{19-1}；这时已接完了第三个通路。

【试验四】 将闸合上，时间继电器应得电吸合，按下 SB_1、KM_1 和 K_3 同时吸合，且 KT_1 失电，同时可用万用表测量 KT_1 触点延时或试听触点动作时的声音。按下 SBS，KM_1 和 K_3 同时失电，KT_1 重新得电吸合，触点复位。否则触点有误，注意试完拉闸。

20）从 X_{3-1} 接出线经⑥线束接在 X_{27-1} 上，线号 X_{3-1}-X_{27-1}；

21）从 X_{28-1} 接出线经⑥、②线束接在 KT_{1-12} 上，线号 X_{28-1}-KT_{1-12}；并用临时线将 SB_2 接在 X_{27-1} 和 X_{28-1} 上；

22）从 KT_{1-12} 接出线②线束，接至 K_3 的 K_{3-13} 常开触点上，线号 KT_{1-12}-K_{3-13}；

23）从 K_3 的 K_{3-14} 点接线经②、⑥、⑤线束，接在接触器 KM_2 的线圈 A_1 端上，线号 K_{3-14}-KM_2A_1；

24）从 K_2A_2 点接线经线束⑤、⑥接在 X_{20-1} 端子上，线号 K_2A_2-X_{20-1}；这样接完了第四个通路。

【试验五】 将控制电源的刀闸合上，这时 KT_1 得电吸合，应听见吸合的声音，然后再进行试验操作。按下 SB_1，KM_1、K_3 吸合，KT_1 断电，按下 SB_2，KM_2 得电吸合，再按下 SBS，KM_1、K_3、KM_2 失电释放，KT_1 得电吸合。将电源拉闸，KT_1 失电。

25）从 X_{4-1} 接线经⑥、②线束接到时间继电器 KT_1 常闭触点的 KT_{1-11} 上，线号 X_{4-1}-KT_{1-11}；

这里要注意，从 KT_{1-12} 到 K_{3-13} 的线已经在 22）中接好，线号 KT_{1-12}-K_{3-13}，不必再接；这样接完了第五个通路。

【试验六】 合上 QK，KT_1 得电吸合，先按下 SB_2，KM_2 不能得电吸合；按下 SB_1，KM_2、K_3 得电吸合，KT_1 失电，其延时常闭触点延时闭合后，KM_2 得吸合，再按下 SBS，KM_1、K_3、KM_2 失电释放，KT_1 得电吸合，将闸拉掉，KT_1 失电。

26）从 X_{5-1} 接线经⑥、⑤线束接到 KM_2 第一副常开触点的 KM_{2-13} 上，线号 X_{5-1}-KM_{2-13}；

27）从 K_{2-14} 上接线经⑤、⑥、②线束接到中间继电器 K_3 第一副常开触点的 K_{3-13} 端，线号 K_{2-14}-K_{3-13}，完成了 KM_2 的自保回路。

【试验七】 方法基本同试验六，最后可用手按下时间继电器 KT_1 的衔铁，其常闭触点 KT_1（11-12）瞬时断开，这时 KM_2 仍保持吸合状态，其常开触点 KM_2（13-14）闭合，实现了自保。否则有接线错误，仔细检查，及时修复。

28）从 X_{6-1}、X_{7-1}、X_{8-1} 分别接线经⑥、③、④线束接到过流继电器 KA_1、KA_2、KA_3 的常开触点 KA_{1-13}、KA_{2-13}、KA_{3-13}，线号分别为 X_{6-1}-KA_{1-13}、X_{7-1}-KA_{2-13}、X_{8-1}-KA_{3-13}；

29）从 KA_{1-14} 接线经⑨线束接到 KA_{3-14} 上，线号 KM_{1-14}-KA_{3-14}；并将 KA_{3-14} 用线接引经③、⑥、②接到 K_3 第二副常开触点的 K_{3-23} 上，线号 KA_{3-14}-K_{3-23}；同时将 KA_{2-14} 用线接引经④、⑥、②线束，也接在 K_{3-23} 上，线号 KA_{2-14}-K_{3-23}；

30）从 K_{3-24} 接线经②、⑥、⑤线束接到接触器 KM_2 第二副常开点的 KM_{2-23} 上，线号 K_{3-24}-KM_{2-23}；同时将 K_{2-24} 接线经⑤、⑥、②接到时间继电器 KT_2 线圈的 A_1 上，线号 K_{2-24}-KT_2A_1；

31）从 KT_2 的 A_2 接线，经②、⑥线束接到 X_{21-1} 上；线号 KT_2-A_2-X_{21-1}；这样接完了六、七、八三个通路。

【试验八】　合闸、操作程序同试验六，KM_2 得电吸合后，分别用手按动过流继电器 KA_1、KA_2、KA_3 的衔铁，KT_2 应得电吸合，否则有错误。

32）从 X_{9-1} 接线经⑥、②线束接到时间继电器 KT_2 第一副常开触点上 KT_{2-13}，线号 $X_{9-1}KT_{2-13}$；

33）从 KT_{2-14} 接线经②线束接到中间继电器 K_4 的线圈 A_1 上，线号 KT_{2-14}-K_4-A_1；

34）从 K_4-A_2 接线经②、⑥线束接到 X_{22-1} 上，线号 K_4-A_2-X_{22-1}；这时接完了第九个通路。

【试验九】　合闸操作同试验八，分别用手按动 KA_1、KA_2、KA_3 的衔铁且不松手，KT_2 得电吸合，其常开触点 KT_2（13-14）应延时闭合，使 K_4 得电吸合，其常闭触点 K_4（11-12）应打开，使 KM_1 回路失电，进而使 KM_1、K_3、KM_2 失电释放，最后 K_4 失电，KT_1 得电吸合，其常闭触点 KT_1（11-12）打开；否则接线有误。

35）从 X_{10-1} 接线经线束⑥接在熔断器 FU_1 接线端子上 FU_{1-1}，线号 $X_{10-1}FU_{1-1}$；

36）从 X_{11-1} 接线经线束⑥、②接到 K_{3-33} 上，线号 X_{11-1}-K_{3-33}；同时从 K_{3-34} 接线经②、⑥、⑤接在 K_{2-11} 上，线号 K_{3-34}-K_{2-11}；再从 K_{2-12} 接线经线束⑤、⑥接在熔断器 FU_{2-1} 上，线号 K_{2-12}-FU_{2-1}；

37）从 X_{12-1} 接线经线束⑥、②接到 K_{3-43} 上，线号 X_{12-1}-K_{3-43}；同时从 K_{3-44} 接线经②、⑥、⑤接在 K_{2-33} 上，线号 K_{3-44}-K_{2-33}；再从 K_{2-34} 接线经线束⑤、⑥接在熔断器 FU_{3-1} 上，线号 K_{2-34}-FU_{3-1}；

前面已将控制回路的线全部接完，现在说明主回路中的二次线接线工艺方法。

38）从 QF 下闸口4、6上接线经②、⑥线束接在 X_{31-1} 和 X_{32-1} 上，线号分别为 QF_4-X_{31-1}，QF_4-X_{32-1}；

39）从电流互感器 TA_1 和 TA_2 的二次接点 TA_{1-1} 和 TA_{2-1} 分别接线经线束④、⑥、②、⑨分别接到热继电器 FR 的 FR_{11} 和 FR_{13} 端，线号为 TA_{1-1}-FR_{11} 和 TA_{2-1}-FR_{13}；

40）从 FR_{12} 接线至 FR_{14} 端，同时从 FR_{14} 端接线经线束②、⑥接到 X_{43-1} 上，线号为 FR_{12}-FR_{14} 和 FR_{14}-X_{43-1}；

41）从 FR_{11} 和 FR_{13} 分别接线经线束⑨、②、⑥、⑤接到 KM_{2-21} 和 KM_{2-31} 上，同时从 KM_{2-22} 和 KM_{2-32} 分别接线经⑤、⑥、②、⑨分别接到 FR_{12} 和 FR_{14} 上，线号分别为 FR_{11}-KM_{2-21}、FR_{13}-KM_{2-31}、KM_{2-22}-FR_{12}、KM_{2-32}-FR_{14}；

42）从 TA_{1-2} 接线经④束接到 TA_{2-2} 上，线号 TA_{1-2}-TA_{2-2}；同时从 TA_{2-2} 接线经④、⑥线束接到 X_{44-1} 上，线号 TA_{2-2}-X_{44-1}；图3-21是柜内面板上的端子板接线图，该图与图3-1、图3-20是对应的。

再看门上二次线的接线方法。

43）将门上元件安装在柜门上，要牢固可靠，仪表要正、平，并将门上元件在面板接线端子上的编号 X_{13-2}、X_{14-2}、X_{15-2}、X_{16-2}、X_{27-2}、X_{28-2}、X_{31-2}、X_{32-2}、X_{43-2}、

X_{44-2} 以及端子熔断器 FU_{1-2}、$FU_{2,-2}$、FU_{3-2} 分别写在柜门的端子板上，然后用 $2.5mm^2$ 的软塑铜线分别对应接好，线号即为端子号，如图 3-21 所示。

44）用前述方法按图 3-22，将门上元件一一对应接好在门上的端子板上。同时从信号灯 HLRD-2 接线到信号灯 HLYE-2 上，再从 HLYE-2 上接线到信号灯 HLGN-2 上，然后接到柜门端子 X'_{14} 上；再用 $2.5mm^2$ 软铜线接到面板端子板的 X_{23} 上，线号 X'_{14}-X_{23}；

45）将 X_{44-1} 用 $16mm^2$ 软铜线接到柜体角钢底座的接地螺栓上，螺栓处应有接地标志。最后将电源零线接在 X_{45-2} 上，X_{45-3} 接在 QK_{-3} 上，如图 3-21 所示，至此接线完毕。

【试验十】 试验前应按指示灯的规格型号和控制回路电压，查对灯泡和指示灯熔断器的规格、型号。

将控制电路的电源开关 QK 合上，控制电源指示灯 HLRD 应点亮，同时 KT_1，得电吸合；按动 SB_1、KM_1、K_3 得电吸合，起动指示灯 HLYE 应点亮；同时 KT_1 失电，其接点 KT_1（11-12）延时闭合，KM_2 有电吸合，HLYE 熄灭，运行指示灯 HLGN 应点亮。

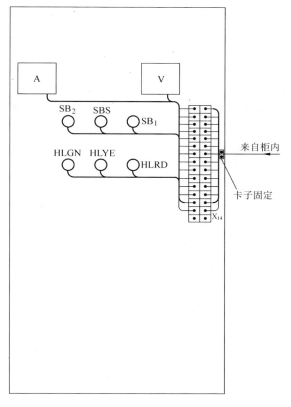

图 3-22　柜门板端子接线图（对应图 3-1）

其他试验同前，动作应正确。采用上述方法装配和试验，一般情况下会一次成功。

（3）修整　装配好的控制柜应进行修整，修整的内容主要有捆扎线束、紧固螺钉、过门软线处理及其他不妥之处等。

1）捆扎线束。捆扎线束主要是线束的拐角处和中间段，捆扎长度一般为 10～20mm，方法有两种，一种是用塑料或尼龙小绳，另一种是用专用的成品件，型号 PKD1 系列捆线带，如图 3-23 所示。一般不得使用金属性的扎头，如钢精扎头等。

采用塑料或尼龙小绳捆扎，具体方法如图 3-24 所示，先在捆扎处包一层薄塑带，长度应略大于捆扎长度，小绳的尾端要穿入小尾首端做成的底圈内，而小绳首端做成的圈是压在小绳捆扎线的下面的，捆扎时要紧密，捆完后将尾端穿入底圈内，然后用力将首端抽紧，底圈即将尾端锁紧。最后把多余部分剪掉，留下端头的长度要一致，一般不超过 2mm。

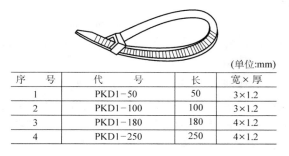

(单位:mm)

序　　号	代　　　号	长	宽×厚
1	PKD1-50	50	3×1.2
2	PKD1-100	100	3×1.2
3	PKD1-180	180	4×1.2
4	PKD1-250	250	4×1.2

图 3-23　PKD1 型捆线带

采用捆线带时方便较为简便，将捆线带缠在线束的捆扎处，用力抽紧可，和紧皮带一样。

2）过门软线的处理。过门软线的处理主要是增加过门软线的强度和韧性，增加绝缘强度，通常有两种方法。一种是先用小绳隔段捆扎，然后再用塑料带统包二层，最后用卡子将过门软线的两端分别固定在柜侧和柜门上，如图 3-20、图 3-22 所示。另一种办法是采用 PQG 缠绕管，将过门线先用小绳扎住几道，然后将 PQG 缠绕管包在外面。PQG 缠绕管如图 3-25 所示。规格按直径分有 4mm、6mm、10mm、12mm、16mm、20mm 六种。

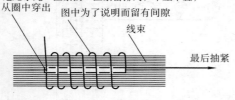

尼龙小绳一匝紧挨一匝紧密排列，不压不叠，
从圈中穿出
图中为了说明而留有间隙
线束
最后抽紧

图 3-24 捆扎线束示意图

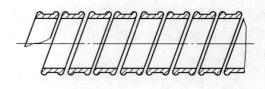

图 3-25 PQG 缠绕管

3）紧固螺钉。将柜内主回路、二次回路所有的螺钉紧固一遍，并将漏装平垫和弹垫的螺钉补装相应规格的平垫和弹热。

4）修整其他不妥之处。

（4）用行线槽配线的工艺方法 线槽顾名思义就是把导线放在槽子里，市场上出售的主要有 TC 系列行线槽。行线槽配线从柜内结构看比上述配线方法简单，现在就和上述配线方法不同的地方讲述几点。

1）柜内元件固定方式：

① 大型或较重的元件固定在角钢架上，把角钢架叫作电器梁。

② 小型元件固定在钢板做成的电器横板上。

③ 把行线槽固定在电器板、梁架的后面、元件的下边或端子板的侧面。

上述 130kW 绕线转子电动机起动柜的行线槽配线元件布置如图 3-26 所示。

2）行线槽配线。

① 接线顺序，方法和前述相同。

② 从元件上接线后，沿着梁板爬下拐活直角弯直接送入线槽，然后沿着线槽送到导线另一端的接线元件处，从槽中穿出，拐活直角弯沿梁、板爬上接在元件的端子上，如图3-26 和图 3-27 所示。线接完后检查无误，并接一通路，试一通路。将所有线接完后将槽盖盖好即可。

（5）电气接线图 接线圈通常应由设计给出，但是有时候设计不出接线图，有时虽然出示的接线图由于元件的变更，原理图的变更等原因也不能使用，这样需安装人员在接线时绘制接线图。

接线图主要用于安装接线、线路检查、线路维修和故障处理。实际上接线图就是表示配线走向的示意图，在接线时，我们常用从某某元件接线经线束某某接到某某元件，这个线束的走向，布置就是接线图。如图 3-20 和图 3-26 所示，都是接线图。这个图，我们在接线前可根据元件布置图和电气原理画出，画的方法正是接线的方法，也就是先在图上完成一次"接线"，特别是端子板的接线，必须画出，否则由于线多，就要出现混乱，这个图就是接

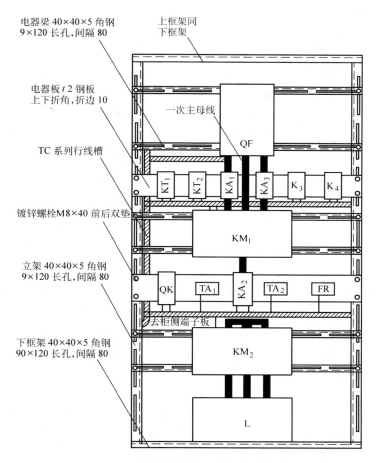

电器梁 40×40×5 角钢
9×120 长孔,间隔 80

上框架同
下框架

电器板 t 2 钢板
上下折角,折边 10

一次主母线

TC 系列行线槽

镀锌螺栓M8×40 前后双垫

立架 40×40×5 角钢
9×120 长孔,间隔 80

下框架 40×40×5 角钢
90×120 长孔,间隔 80

去柜侧端子板

图 3-26　行线槽配线元件布置图（正面）

线图。电气安装人员必须学会接线图的画法，将会给工作带来极大益处和方便。具体画法可参照"（2）配线工艺"一步一步练习，这里不再重复。

（十）整机测试

电气控制柜（箱）装配完后应进行出厂试验（或使用前的试验），批量生产或专业厂家的定型产品必须进行型式试验，这是取得生产制造许可证的条件之一。

1. 型式试验

型式试验的目的是验证电气装置的电气性能和机械性能是否达到 GB 7251.1～5 标准的要求，型式试验由国家相关部门进行。

型式试验的项目包括温升试验、介电强度试验、短路强度试验、保护电路连续性试验、测量电气间隙和爬电距离、机械操作试验、防护等级试验。

2. 出厂试验

出厂试验是为了检查材料和制造上的缺陷，出厂试验包括一般检查、通电操作试验、介电强度试验、保护措施和保护电路的检查。

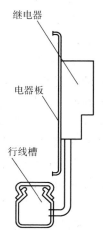

继电器

电器板

行线槽

图 3-27　行线槽
配线示意图

（1）一般检查

1）外观检查。外观检查主要检查电气控制柜（箱）的外观质量、装配质量、通常为目测或使用简单的工具。

① 柜内所装元件应和设计要求相符；检查主回路和二次回路的接线应正确，导线及母线的截面积和颜色应分别符合设计和标准的要求。

② 检查电气间隙和爬电距离。电气间隙是指两个导电部分间的最短直线距离；爬电距离是指在两个导电部分之间沿绝缘材料表面的最短距离。柜内电器元件应符合各自有关规定并在正常使用条件下也应保持其电气间隙和爬电距离。装置内不同极性的裸露带电导体之间以及它们与外壳之间的电气间隙和爬电距离应不小于表3-8中的规定。

表3-8　导电部件间的电气间隙和爬电距离

额定绝缘电压/V	电气间隙/mm	爬电距离/mm
≤300	6	10
>300～600	8	14
>600～800	10	20
>800～1500	14	28

③ 电气元件之间的间隔应符合设计要求。

④ 外形尺寸的检查。外形尺寸的检查应将柜体置于检测平台上进行。其高、宽、厚及门的高宽应符合设计要求，其误差应为 ±1.0mm。四面的垂直度（每米）允许偏差 1.0mm；四面柜顶的水平度允许偏差 1.0mm；柜体各个部件之间（如门缝、上下挡板和侧面板间）的间隙不大于 1.0mm。

2）外接导线端子的检查。外接导线端子包括电源、负载、零线和接地线的接线端子，接线端子应可靠、牢固，并有满足最大负载容量的截面积；应有明显的接地标记；从端子板上接地端到骨架的接地线应为铜质软导线，连接应可靠。

柜体两侧的下部及顶部应有进出线孔且在电缆正式安装后应能达到规定的防护等级，其他应符合 GB 7251.1～5 的要求。

3）元件安装的检查

① 元件的选择。元件的额定电压、额定电流、使用寿命、接通和分断能力、短路强度等方面应适合于控制柜的指定要求和用途；元件应符合自身的有关标准。

② 元件的安装。元件应按照制造厂商的说明书（使用条件、飞弧间距、拆卸灭弧栅需要的空间等）进行安装；元件在柜内、柜门上的安装不得有肉眼能感到的不平和歪斜；安装在同一支架上的电器、功能单元的外部接线端子应使其在安装、接线、维修和更换时易于接近，尤其是外部接线端子应安装在柜体基础面上方至少 0.2m 的高度处，并且应为连接电缆或导线提供一定的空间。有关要求见通用技术要求。

③ 固定式部件的拆卸和安装只有当柜内不带电时才能进行，在有些场合，拆卸固定式部件时可只让部分断开电源，但必须有足够的安全措施。

④ 可移式部件和抽出式部件必须有联锁机构，以保证只有当主电路被分断后才能抽出或重新插入；为了防止误操作，应有挂锁，以保证开关在规定的位置上，且应有明显的试验位置（主触头不带电）、分离位置和合闸位置的标志；抽出和插入时，只要按操作规程操作，应无阻无卡。

⑤ 母线相序的排列，从柜体正面观察应符合表 3-9 的规定。

表 3-9　电气装置母线相序排列规定

类　别		垂直排列	水平排列	上下排列
交流	A 相 L_1	左	内	上
	B 相 L_2	中	中	中
	C 相 L_3	右	外	下
	中性线、中性保护线	最右	最外	最下
直流	正极 +	左	内	上
	负极 −	右	外	下

注：中性线、保护线在柜内设置时，应在柜的最下部。

⑥ 开关电器操作机构的操作方向与指示应与其使用说明书中规定的操作方向和指示相一致，并和实际一致。

⑦ 指示灯和按钮的安装位置应对应，颜色应符合 GB 2682—1981 的规定。

4）接线的可靠性检查。

① 母线的连接应保证足够和持久的压力，但不应使母线产生永久性变形，可用相应的力矩扳手检查螺母是否拧紧，有否平垫和弹垫。

② 母线和导线除必须承载的电流外，还应考虑到承受的机械应力、敷设方法、绝缘类别以及所连接元件的种类等因素的影响。绝缘导线的电压等级应和控制装置的电压等级相符。

③ 绝缘导线的敷设和连接　绝缘导线不应贴近具有不同电位的裸露带电部件或贴近带有尖角的边缘敷设，应使用线夹固定在骨架或支架上，也可装在行线槽内；绝缘导线穿越金属构件或面板时，应有护圈，使导线不受损伤。

5）结构、镀层和被覆层的质量检查。

① 柜体所有焊接点应牢固可靠，焊缝和焊点光洁均匀，焊药清除干净，无焊穿、裂纹、咬边、溅渣、气孔、砂眼等现象，点焊点应焊接适中，板面不得有变形现象；吊装钩应由双螺母紧固、吊杆螺栓的直径应由控制柜总重量决定。

② 电镀件的镀层（包括元件和紧固件）不允许有起皮、脱落、发黑、发霉、生锈等缺陷。

③ 黑色金属表面的喷涂漆层应有良好的附着力并有检验报告；正面和侧面的喷涂层，不允许有皱纹、流痕、针孔、起泡、透底等缺陷；色泽应均匀，在阳光不直接照射下，距柜体 1m 处目测不到刷痕、伤痕、机械杂质和修整痕迹，且不应有明显的色差和反光；其他部分的喷涂层不允许有皱纹、流痕、起泡、透底色等缺陷，但允许有少量的机械杂质和防浊；母线的涂漆应均匀、无流痕、刷痕、起泡、皱纹等缺陷，搭接面不得粘漆。同端两侧漆线应一致。

（2）通电操作试验　根据控制柜的复杂程度，可进行通电操作试验。试验前，须认真检查装置内部接线，一般应由两人进行，确认无误后方可进行通电操作试验。先测量绝缘电阻，可用 500V 绝缘电阻表，绝缘电阻值应大于 $2M\Omega$。应按设计规定的电压进行试验，试验结果所有的电器元件的动作顺序、电气功能、信号系统应符合电气原理图的要求。操作次数应不少于 5 次，必要时应对元件进行单体试验，方法同电气元件的测试。

（3）介电强度的试验

1）试验电压值应符合表 3-10 和表 3-11 的规定，但如果包括在被试主电路和辅助电路中的电器已在电气元件的测试中经过介电试验，则试验电压应降低到表 3-10、表 3-11 规定值的 85%，同时试验时间降到 1s。

表 3-10　主电路及与主电路直接连接的辅助电路介电强度试验电压值

额定绝缘电压 U_i/V	试验电压/V	额定绝缘电压 U_i/V	试验电压/V
$U_i \leqslant 60$	1000	$660 < U_i \leqslant 800$	3000
$60 < U_i \leqslant 300$	2000	$800 < U_i \leqslant 1000$	3500
$300 < U_i \leqslant 660$	2500	$1000 < U_i \leqslant 1500$（直流）	3500

表 3-11　不与主电路直接连接的辅助电路介电强度试验电压值

额定绝缘电压 U_i/V	试验电压/V	额定绝缘电压 U_i/V	试验电压/V
$U_i \leqslant 12$	250	$U_i > 60$	$2U_i + 1000$ 最低 1500
$12 < U_i \leqslant 60$	500		

2）试验电压的施加部位。

① 带电部位与地（框架）之间。

② 主电路相间。

3）试验电压的要求。试验电源的电压应当是正弦波，f 在 45～62Hz 之间，当其输出端短路时，电流不应小于 0.5A。

4）试验方法。先测量绝缘电阻，只有在绝缘电阻合格时，才能进行介电强度试验。将升压源和被试部位接好后，应先按表 3-10 和表 3-11 中的试验电压值的 30%～50% 试验，然后在 10～30s 内将试验电压逐渐升到规定值，并在该值下维持 1min，应无击穿或放电现象。然后降压，直到 0 位再切除电源。

试验时应将不能耐受试验电压的电器元件（如电子设备、电容器等弱电元器件）从电路中暂时拆除。

（4）保护措施和保护电路的检查　直观检查装置的防护等级是否达到设计要求。

检查保护电路连接处的接触情况是否良好，并有连续性，应采用直接连接或利用保护导体连接，并有明显的接地保护点及标志。

用抽查的办法，使用双臂电桥或 $\mu\Omega$ 计，对保护端子进行接触电阻的测量，每台抽查不得少于 5 点，保护电路上任何一点与主接地端子之间的直流电阻应 ≤10mΩ，否则应调整合格。

其他未尽事宜参见 GB 7251.1—2005。

（5）必要时应进行温升试验和短路强度试验，应按 GB 7251.1—2005 执行。

（十一）固定标志牌

固定标志牌通常在整机测试前进行，但是有时为了避免修复测试时出现的缺陷而引起的不必要麻烦，将固定标志牌放在整机测试后进行。

1. 标志牌的种类

（1）铭牌　说明电气控制设备规格型号、基本参数和制造厂名、生产日期的标牌，通常固定在设备的明显之处。铭牌的大小由设备固定铭牌的板面面积和标牌的内容决定。铭牌一般用铝片制成，应由专业厂家加工制作。

铭牌应给出以下内容：制造厂厂名或商标、产品型号、制造年月、出厂编号、标准代号（GB 7251.1—2005）、电流类型（交流还应标出频率）、额定工作电压、额定工作电流、额定绝缘电压＊、辅助电路的额定电压＊、使用条件＊、每个电路的额定电流＊、短路强度＊、防护等级、防止触电的措施＊、工作范围＊、接地类型及接地装置＊、外形尺寸及安装尺寸、重量。其中带＊号者可在技术文件中给出。

（2）电器元件的标牌　标注电器元件名称或和原理图、接线图相一致的符号的标牌，固定在元件安装位置的一侧，大小和种类繁多。

1）铝片条型标牌。上面印制好元件的文字或符号，大小为 10mm×（40～50）mm。

2）标签框。由金属、塑料、有机玻璃制成，一般由专业厂家生产，也可以自制。固定好后用硬质白纸写上或印上元件的名称或符号，然后剪成条型并用玻璃纸裹好插入标签框即可。

3）不干胶带。上面印制元件的文字或符号，贴于板面上即可。

（3）导线的接线号。见配制二次控制回路。

2. 标志牌的固定方法及要求

（1）铝铆钉固定法　应在柜体制作时，按规定位置用 φ1.5～2.0mm 的钻头开好孔；电气元件在板面上固定前应先将标志牌铆固好，以防止振动元件松脱。铝铆钉应采用成品件，也可用铝丝代替。铆固时先将铆钉或铝丝穿入标牌和板面的孔内，两端预留长度分别为 2mm，然后用铆冲子将铆钉或铝丝顶好，用锤头敲击即可，用力应适中，敲击次数一般不超过 5 次。铆好后两端应形成半圆弧状，整洁美观。

（2）胶粘法　可在整机测试完后进行，先将标牌安放在应固定的位置，然后在面板上轻轻画出标牌的位置，位置应准确方正，尔后在画出的位置轮廓内缩进 1mm，再画一个位置轮廓，用小刀将这个二次画好的轮廓内的油漆刮掉并露出金属光泽，涂上 502 胶，片刻后即可将标牌按第一个轮廓线贴上去粘好。胶不宜太厚，但应涂满，特别是边角位置必须有胶。

（3）固定要求

1）标志牌的固定应方正不歪斜，且应牢固。

2）铭牌应固定在设备的前面容易观察的地方，标高不宜超过 1.6～1.8m。

3）电器元件的标牌应尽可能靠近元件的上方固定，如果有困难则可固定在元件的左、右侧或下侧，但所有的标牌位置应一致；距元件的距离应在 20～25mm 之间，且应一致。标牌不得固定在元件的外壳上。

4）导线的线号应固定在导线和端子的连接处，距端子的距离宜小于 10mm，但必须统一。

5）所有文字符号必须与图样相一致。

6）文字符号的书写应工整、完善、清晰、牢固，一般应使用工程字的标注和书写方法，切忌潦草或自行标注，严禁混乱。

3. 标签框的制作

标签框可用有机玻璃或透明塑料刻制，制作的工具为小型仪表台钳、刻章小刀数把。先将材料锯成小条夹在台钳上，按尺寸用小刀刻制即可。刻好后用细砂布磨光，其外形尺寸和示意图如图 3-28 所示。

标签框也可用镀锌钢板或铝板冲压制成，但需开模具，其外形尺寸和示意图如图 3-29 所示。

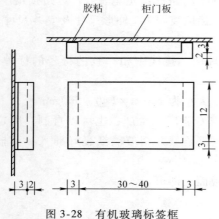

图 3-28　有机玻璃标签框

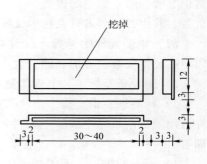

图 3-29　金属标签框

（十二）包装及运输

产品的包装应有足够的强度，产品应与包装箱底盘固定，产品的上部壳体与包装之间（或包装箱骨架）应有固定保护措施。产品中可动部件应固定牢靠，包装应有防雨措施，采用塑料制品防雨时应在箱内放置防潮剂。任何包装都应保证柜体不受到人为以外的机械损伤和自然损伤，应保证运到现场后是合格品。

装箱时应随附下列文件资料：装箱文件资料清单、安装使用说明书、电气原理图或接线图、产品合格证明书（包括元件自身的合格证）、出厂检验记录、安装时必要的图样资料、装箱清单等。

包装箱外应有下列标志：产品名称和型号、合同或出厂编号、收发地址单位、到站（港）、外形尺寸和毛重、起吊部位、运输标志等。

四、新型电气控制柜的制作要点

前面我们以 130kW 绕线转子电动机频敏起动控制柜的全部制作过程和试验方法讲述了传统电气控制柜的制作方法，这种柜在实际生产当中仍然有相当大的用途，在近十几年内仍不会为淘汰产品。但是随着工业控制技术和电气传动技术的发展，特别是电子技术和微机技术的发展，上述产品已不适应现代控制技术的需要。因此，专家们和有关制造厂家研制新型电气-电子控制柜，从结构、外形、尺寸都加强了标准化，制作方法基本同前。这里作一简要介绍，其中印制板的制作作了详细讲述，供读者参考。

（一）铝型材轻型柜

铝型材轻型柜是由外骨架和内骨架组合而成的，外骨架为铝型材，内骨架为钢板弯制而成，然后用螺栓连接。可分有前门、后门、仪表板门和可拆卸的侧壁。该柜可装纳电子控制单元、PLC 等。其外形结构如图 3-30 所示，尺寸见表 3-12。

（二）ZG 型电控设备通用柜

ZG 型柜有单门、双门、防护式和防护密封式以及带摇门之分，骨架和面板均为钢板弯制成型，并用螺钉连接。一般可作为功率柜、调节柜，控制柜及低压电器控制柜。ZG 型柜可分 A、B、C、D、E、F 六个类别。其外形结构如图 3-31 ~ 图 3-36 所示，尺寸见表 3-13 ~ 表 3-18。

表 3-12　铝型材轻型柜的系列尺寸

（单位：mm）

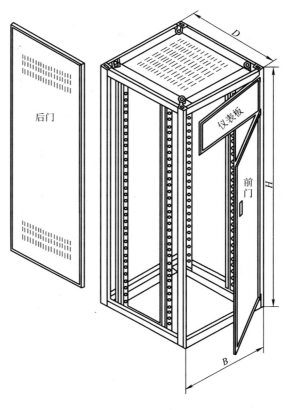

图 3-30　铝型材轻型柜外形

序号	H	B	D
1	1800	600	600
2		600	700
3		660	600
4		660	700
5	1600	600	600
6		600	700
7		660	600
8		660	700
9	1400	520	500
10		520	600
11		600	500
12		600	600
13	1200	520	500

表 3-13　ZGA 型单门防护式柜系列尺寸　　（单位：mm）

型号	H	B	D	h
ZGA8620	2000	600	800	400
ZGA10620		600	1000	
ZGA8820		800	800	
ZGA10820		800	1000	
ZGA8622	2200	600	800	500
ZGA10622		600	1000	
ZGA12622		600	1200	
ZGA8822		800	800	
ZGA10822		800	1000	
ZGA12822		800	1200	

表 3-14　ZGB 型单门防护密封式柜　　（单位：mm）

型号	H	B	D	h
ZGB8620	2000	600	800	400
ZGB10620		600	1000	
ZGB8820		800	800	
ZGB10820		800	1000	
ZGB8622	2200	600	800	500
ZGB10622		600	1000	
ZGB12622		600	1200	
ZGB8822		800	800	
ZGB10822		800	1000	
ZGB12822		800	1200	

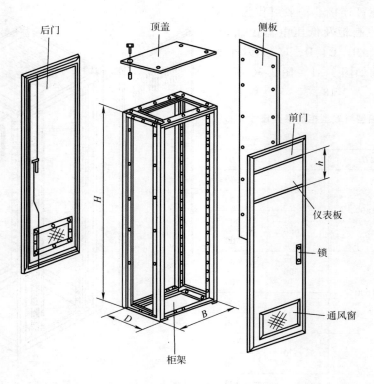

图 3-31　ZGA 型单门防护式柜

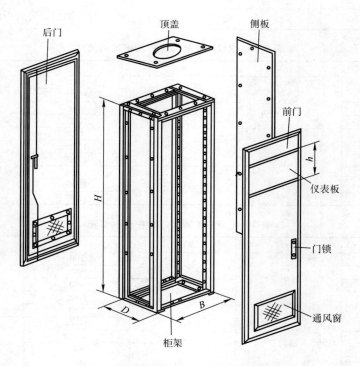

图 3-32　ZGB 型单门防护密封式柜

表 3-15　ZGC 型双门防护式柜系列尺寸　（单位：mm）

型号	H	B	D	h
ZGC81020	2000	1000	800	400
ZGC101020			1000	
ZGC81220		1200	800	
ZGC101220			1000	
ZGC81022	2200	1000	800	500
ZGC101022			1000	
ZGC121022			1200	
ZGC81222		1200	800	
ZGC101222			1000	
ZGC121222			1200	

表 3-16　ZGD 型双门防护密封式柜系列尺寸　（单位：mm）

型号	H	B	D	h
ZGD81020	2000	1000	800	400
ZGD101020			1000	
ZGD81220		1200	800	
ZGD101220			1000	
ZGD81022	2200	1000	800	500
ZGD101022			1000	
ZGD121022			1200	
ZGD81222		1200	800	
ZGD101222			1000	
ZGD121222			1200	

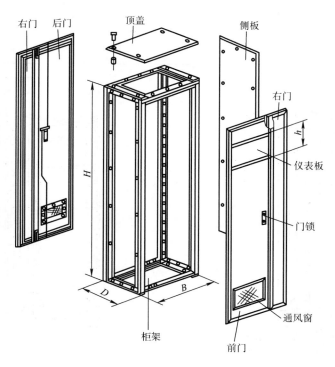

图 3-33　ZGC 型双门防护式柜

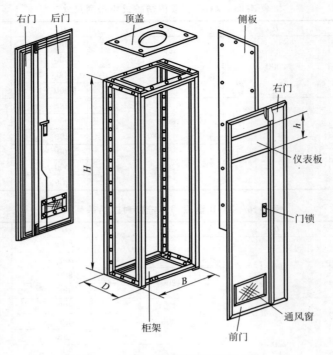

图 3-34　ZGD 型双门防护密封式柜

表 3-17　ZGE 型单门防护式摇门柜系列尺寸　　　　　（单位：mm）

型　　号	H	B	D	h
ZGE8820	2000		800	400
ZGE10820			1000	
ZGE8822	2200		800	500
ZGE10822			1000	

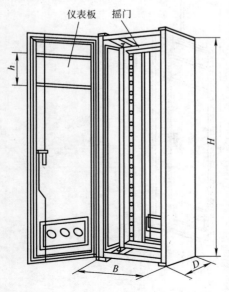

图 3-35　ZGE 型单门防护式摇门柜

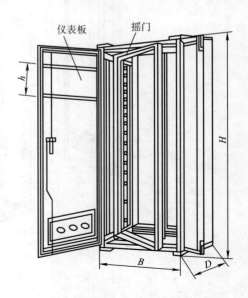

图 3-36　ZGF 型双门防护式摇门柜

表 3-18　ZGF 双门防护式摇门柜系列尺寸　　　（单位：mm）

型　号	H	B	D	h
ZGF81020	2000	1000	800	400
ZGF101020	2000	1000	1000	400
ZGF81022	2200	1000	800	500
ZGF101022	2200	1000	1000	500

（三）311 型柜

311 型柜与 130 型 NIM 插箱配套使用，可做调节柜、电子控制柜。全部由钢板弯制成型焊接而成，其外形结构如图 3-37 所示，尺寸见表 3-19。

表 3-19　311 型柜尺寸　　　（单位：mm）

型　号	H	h	T	t
311.425	1384	1111	525	450
311.625	1384	1111	725	650
311.430	1607	1334	525	450
311.630	1607	1334	725	650
311.435	1829	1556	525	450
311.635	1829	1556	725	650
311.735	1829	1556	825	750
311.440	2051	1778	525	450
311.640	2051	1778	725	650
311.740	2051	1778	825	750
311.445	2273	2000	525	450
311.645	2273	2000	725	650
311.745	2273	2000	825	750

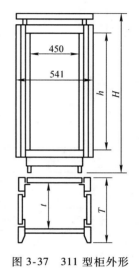

图 3-37　311 型柜外形

（四）无底板式控制屏

在环境允许的条件下可将柜做成屏式，图 3-38 为条架式控制屏的结构图，其框架由角钢焊接而成，其尺寸见表 3-20。

条架式控制屏的罩板，其宽度 B 与屏宽相同；其高 H 有 100mm、150mm 两种；T 有 100mm、160mm、198mm 三种。

仪表装在仪表面板上，其宽度与屏宽 B 相同，其高 H 和 C 分别有 139mm、125mm；183mm、100mm；226mm、75mm 三种。普通面板可安装操作元件，其宽与屏宽 B 相同，其高 H 有 80mm、150mm、200mm、250mm 四种。

表 3-20　条架屏尺寸　　　（单位：mm）

H	B	a	b	n	m	H	B	a	b	n	m
2300	400	2050	2000	42	5	1800	400	1550	1500	32	4
	500						500				
	600						600				
	700						700				
	800						800				
	900						900				
	1000						1000				
	1200						1200				

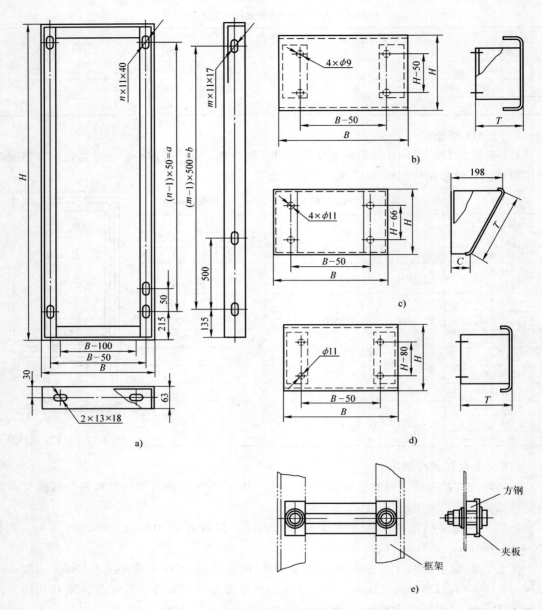

图 3-38　条架式控制屏结构示意图

a）条架屏柜框架　b）罩板　c）仪表面板　d）普通面板　e）条件架的安装

电器元件安装在条架上的方钢上，方钢采用8mm×8mm、12mm×12mm、16mm×16mm三种规格。

罩板、仪表面板，普通面板由 1.5～2.5mm 厚的钢板折边焊接而成，由螺钉固定在条架上。

（五）TT 型控制台

对于一些复杂的控制系统，有时为了便于观察和操作，宜将柜体做成台式。TT 型控制台选用铝合金材料作屏面板，自制时全部采用钢板折边。采用组装和组焊混合结构。下台两侧各有抽屉，上台面板能开启和拆卸，台体外露部分无孔洞、无螺钉、无螺母，造型考究典雅。电气元件装于下台，且台后开门，便于维修、安装。仪表和操作元件装于上台。元件布置、配线和前述相同。其外形如图 3-39、图 3-40 所示，尺寸见表 3-21、表 3-22，可在这些图形及尺寸上进行改进扩展。

表 3-21　TT₁ 型控制台系列尺寸

（单位：mm）

型　　号	H	B	D	H_1	B_1	D_1	D_2	d_1
TT₁10. 65107		1000			920			
TT₁10. 65127		1200			1120			
TT₁10. 65147	1065	1400	700	465	1320	520	400	200
TT₁10. 65167		1600			1520			
TT₁11. 15108		1000			920			
TT₁11. 15128		1200			1120			
TT₁11. 15148	1115	1400	800	515	1320	620	500	300
TT₁11. 15168		1600			1520			

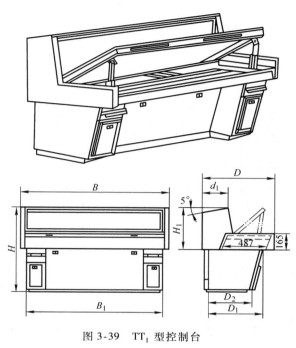

图 3-39　TT₁ 型控制台

表 3-22　TT₂ 型控制台系列尺寸

（单位：mm）

型　　号	H	B	D	H_1	B_1	D_1	D_2	d_1
TT₂8. 26107		1000			920			
TT₂8. 26127	826	1200	700	226	1120	520	400	645
TT₂8. 26147		1400			1320			
TT₂8. 35108		1000			920			
TT₂8. 35128	835	1200	800	235	1120	620	500	745
TT₂8. 35148		1400			1320			

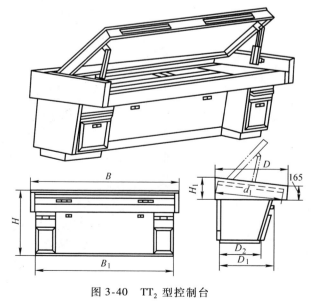

图 3-40　TT₂ 型控制台

DAB 控制台外形如图 3-41 所示，台宽有 500mm、600mm、700mm、800mm、900mm、1000mm 七种。前后左右板面均可拆卸，底部可装配 100mm 高的槽钢底座。其他同 TT 型。

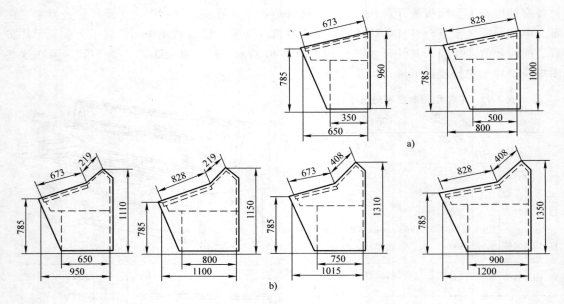

图 3-41　DAB 台式控制台外形尺寸

a）只有台面板　b）台面板加仪表板

（六）插箱

插箱是安装控制单元插件的箱体，一般用钢板折边焊制而成，装在控制柜体内。

1．LT 型插箱

外形结构如图 3-42 所示，箱体尺寸见表 3-23。插箱体由前后横梁及左右侧板构成、用

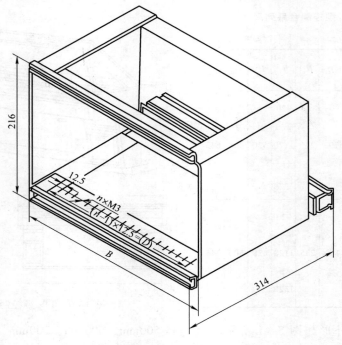

图 3-42　LT 型插箱外形

来安装 LC1 和 LC2 型插件的导轨、插座等。箱体前端横梁开有安装导轨的螺孔，间距为 12.5mm，后侧有配线槽。

表 3-23　LT 型插箱尺寸　　　　　　　　（单位：mm）

型　号	B	n	D	型　号	B	n	D
LT-1	300	21	250	LT-4	600	45	550
LT-2	400	29	350	LT-5	700	53	650
LT-3	500	37	450	LT-6	800	61	750

2. 1TGKJ$_A$ 型插箱

外形结构如图 3-43 所示，尺寸系列见表 3-24，也可做成双层、三层。

表 3-24　1TGKJ$_A$ 型插箱尺寸　　　　　　（单位：mm）

型　号	B_1	B_2	B_3	层数
1TGKJ$_A$-1/1	400	480	516	
1TGKJ$_A$-2/1	500	580	616	
1TGKJ$_A$-3/1	600	680	716	1
1TGKJ$_A$-4/1	700	780	816	
1TGKJ$_A$-5/1	800	880	916	
1TGKJ$_A$-1/2	400	480	516	
1TGKJ$_A$-2/2	500	580	616	
1TGKJ$_A$-3/2	600	680	716	2
1TGKJ$_A$-4/2	700	780	816	
1TGKJ$_A$-5/2	800	880	916	
1TGKJ$_A$-1/3	400	480	516	
1TGKJ$_A$-2/3	500	580	616	
1TGKJ$_A$-3/3	600	680	716	3
1TGKJ$_A$-4/3	700	780	816	
1TGKJ$_A$-5/3	800	880	916	

3. 1TGKJ$_B$ 型插箱

外形结构如图 3-44 所示，也可做成双层、三层。尺寸系列同 1TGKJ$_A$ 型。

1TGKJ 插箱可与 LC1 和 LC2 插件配合使用。

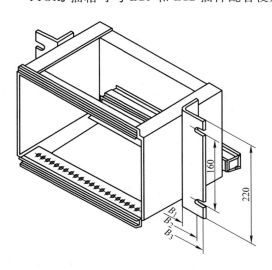

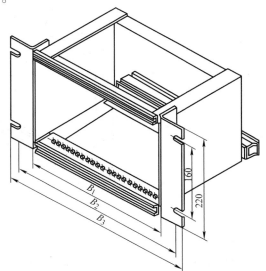

图 3-43　1TGKJ$_A$-□/1 单层插箱外形　　　　　图 3-44　1TGKJ$_B$ 型插箱外形

4. 130NIM 型插箱

外形结构如图 3-45 所示。130NIM 型插箱一般和 311 型柜套配使用，插箱有 12 组导轨，可装设单位宽度为 34.3mm 的标准插件 12 个，也可用 2mm × 34.2mm、3mm × 34.2mm 的标准插件。

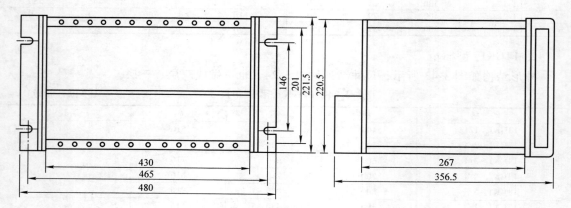

图 3-45　130NIM 型插箱外形尺寸

5. 插件

LC1 和 LC2 插件由热塑性塑料制成，是专业厂家生产，外形结构如图 3-46 和图 3-47 所示。

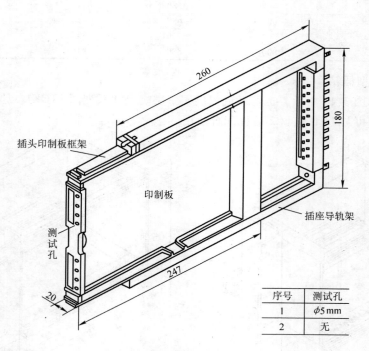

序号	测试孔
1	$\phi 5mm$
2	无

图 3-46　LC1 插件外形及尺寸

插件相邻两线插脚间最高电压 ≤100V，隔线插脚允许最高电压为 380V，每线电流 ≤3A，每线接触电阻 <3mΩ，每线触头的拔力为 1.2N，总分离力 30N，绝缘电阻 >1000MΩ。

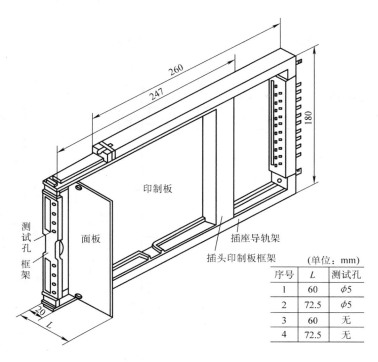

图 3-47　LC2 插件外形及尺寸

（单位：mm）

序号	L	测试孔
1	60	$\phi 5$
2	72.5	$\phi 5$
3	60	无
4	72.5	无

　　插头印制板框架的前端可贴标牌，上部应标出插件型号，下部标出纵横坐标 Y—X。框架的测试孔，可作为测试或信号指示用，其旁边应标出相应的功能。后部有 21 路插接件。

　　LC1 不带面板，其印制板上可装半导体器件、阻容元件及磁性元件。LC2 有面板，面板上可装小型仪表、指示灯及电位器、钮子开关等小型元件。

　　印制板一般为 1.5mm 厚的单面或双面敷铜箔环氧玻璃布板，如图 3-48 所示。

　　图 3-49 为 NIM 型插件的外形尺寸，其宽度 B 有 34.3mm、68.7mm、103.1mm、137.5mm 四种，与 130NIM 型插箱配套使用。

　　（七）印制板的制作及元器件的装配

　　印制板一般由专业生产厂加工制作，采用计算机辅助设计，机械化生产，质量高，功能全，寿命长。在实际安装工程中有时也可以手工制作，也能胜任控制系统的需要。

　　1. 印制板的制作工艺方法

　　1）按规定的尺寸和形状在覆铜箔环氧玻璃布板上划好线（印制板的尺寸可为 60mm×40mm，然后以每边递增 20mm 加大，如 80mm×60mm，100mm×80mm，最大为 400mm×320mm）。用手工锯将板锯下，然后用锉将毛刺打磨光。覆铜板的选用应按印制板的要求选择厚度和单面或双面铜箔。

　　2）根据电路的要求在铜箔上画出电路。

　　① 印制电路排版的要求

　　a. 印制电路可以布置成单面或双面的。双面布置时导线宜互相垂直、斜交或弯曲，避免相互平行，减小寄生耦合。

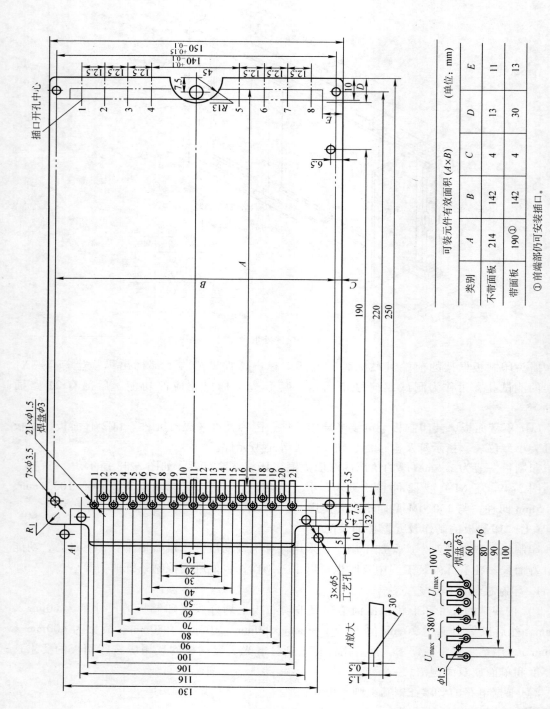

类别	可装元件有效面积 (A×B)		C	D	E
	A	B			
不带面板	214	142	4	13	11
带面板	190①	142	4	30	13

（单位：mm）

① 前端部仍可安装插口。

图 3-48　LC1、LC2 插件用印制板外形尺寸

b. 输入和输出端的印制导线需避免平行，以免发生反馈。

c. 印制导线的布置应尽可能短。引线孔和导电图形与板边缘最小距离应大于板厚。

d. 印制导线的折弯处应制成圆弧形，要避免连接成锐角和大面积铜箔。

e. 印制导线的宽度不应小于0.5mm。在高精度、高密度的印制电路中，印制导线宽度和间距一般可为0.2～0.3mm。高低电平相差较大的信号线，应尽可能地加大间距。

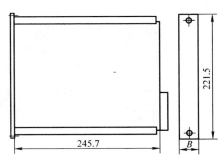

图 3-49　210～214 型 NIM 插件外形尺寸

f. 在不影响电气性能的基础上，应避免采用大面积铜箔的印制导线。若必须采用时，应开窗口，以免在采用机器锡焊时或长时间受热而引起铜箔膨胀和脱落。

g. 集成电路等双排式元器件，不宜在相邻两引线间穿过导线，可沿集成块两排引线间穿过导线。

h. 元件引线的跨距间所穿过的导线根数可参照表3-25所列数据。

表 3-25　元件引线间最多能穿过的导线数

序　号		1	2	3
焊盘,印制导线尺寸/mm	焊盘直径	1.5	2.0	3.0
	导线宽度	0.5～1.0	1.0	2.0
	导线间距	0.5～1.0	1.0	1.5
元器件跨距/mm	2.5	1	—	—
	5	2、3*	1	1*
	7.5	3、4	2、3*	1、2*
	10	5、6	4	2
	12.5	6、7	5、6	3*
	15	7～9	6、7	3、4
	17.5	9～11	7、8	4
	20	11～13	9	5

注：有 * 者焊盘须作部分切除。

② 对焊盘、印制导线及安装孔的要求。

a. 焊盘的种类。焊盘即焊点及相同焊点的集合，一般分为三种。

a）岛形焊盘。板上的空余位置尽量由地线覆盖，使其有良好的静电屏蔽，进而抑制焊盘间的寄生耦合和分布电容。采用机器锡焊时，地线宜用阻焊剂涂覆。

b）圆形焊盘。其印制导线的宽度应小于圆焊点的外径，除电流较大的印制导线外，板上导线宽度应一致。其电感量较岛形稍大，但布线灵活。

c）方形焊盘。该焊盘面积较大，易受温度过高的影响而使焊盘与基板脱离。为使焊点圆滑，当用机器焊接时，宜用阻焊剂涂覆非焊接部分的导线，或采用手工焊接。焊盘形式如图3-50所示。

焊盘的径向一般不应小于0.75mm，最小不得小于0.2mm。圆形焊盘的盘径可根据引线孔径来决定，一般为2～4倍，引线孔径小取上限，引线孔径大取下限，见表3-26。

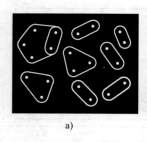 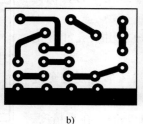 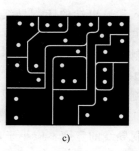

a)   b)   c)

图 3-50　焊盘形式

a) 岛形　b) 圆形　c) 方形

表 3-26　圆形焊盘的盘径 （单位：mm）

引线孔径		0.5、0.6	0.8、1.0	1.3	1.6	2.0
圆形焊 盘的盘径	推荐	1.7 ~ 2.0	2.3 ~ 2.5	2.8 ~ 3.0	3.1 ~ 3.5	3.5 ~ 4.0
	优选	2.0	2.5	3.0	3.5	4.0

注：对焊盘的盘径、形状或相对间距有特定要求的印制电路或元器件，不受此限。

b. 焊盘应圆滑，不应有尖角；圆形焊盘的导线和焊盘处的圆角半径不应小于 1 ~ 1.5mm；方形焊盘的四角应呈圆弧形，其半径不应小于 1 ~ 1.5mm；岛形焊盘应圆滑，呈圆形或椭圆形。

c. 焊盘应将引线孔全部包围，引线孔也不要在焊盘的边缘和切线上。

d. 对于电源和板上总地线及其他特定的接地点应在穿线孔附近标有等电位标志"↓"或文字说明。

e. 导线在直线行进方向上必须宽度一致，不得有急剧的尖角。

f. 双面印制板的导线需要交叉时，可通过金属化孔，将导线从一面转到另一面；金属化孔可设在元器件引线孔上，也可以不设在元器件的引线孔上。

g. 定位孔直径不宜小于 1mm。

h. 印制导线的允许电流由铜箔厚度及其宽度决定，铜箔厚度 0.05mm 印制导线的最大允许电流见表 3-27。

表 3-27　印制导线最大允许电流

导线宽度/mm	1	1.5	2	2.5	3	3.5	4
导线面积/mm^2	0.05	0.075	0.1	0.125	0.15	0.175	0.2
导线允许电流/A	1	1.5	2	2.5	3	3.5	4

i. 印制导线沿宽度方向不允许有超出线宽 20% 的凸缘、缺损；沿长度方向不允许有大于线宽的缺陷，最长缺陷长度应小于 5mm。

③ 抑制减小干扰的措施。

a. 地线共阻抗干扰的抑制。高频电路的布局应尽量排列紧凑，尽量缩短印制导线的长度；采用一点接地，如图 3-51 所示；印制板电路不要做成环形地线；元器件不多时可采用一字形接地，如图 3-52 所示。同时要注意一点接地的合理性，如图 3-53 所示。

b. 电源干扰的抑制。禁止交流脉动电流流经直流电路和采样电路；总"地"应合理地设在一点上，如图 3-54 所示；对于电源阻抗要求严格时，可将电源正负极做成小型母线，如图 3-55 所示。

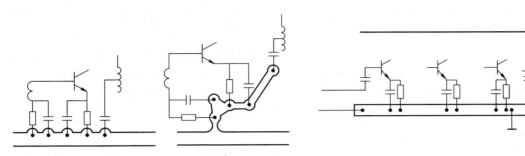

图 3-51 一点接地示意图

图 3-52 一字形接地示意图

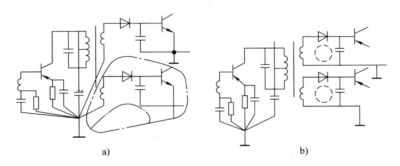

a)

b)

图 3-53 多组检波器的一点接地
a）不合理 b）合理

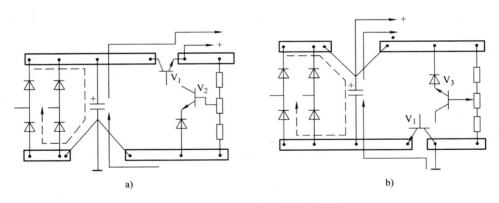

a)

b)

图 3-54 稳压电源的两种合理布局

c. 电磁场干扰的抑制。板上导线严禁采用大环形布局；相互易干扰的导线，避免平行布置。各级间信号线应尽量短。各级电路在排列时，应按信号顺序排列，不要迂回或越级排列；信号线不要互相靠近或平行；双面板应使两面的导线呈垂直或交叉以减少避免平行；板内需平行的导线，应使其远离或用地线、电源线将其隔开。

④ 按照上述的要求将电路画在覆铜箔板

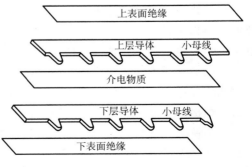

图 3-55 小母线的做法

上。画的方法应用鸭嘴笔蘸油漆及圆规和三角板按预先画好的线路临摹；线路较复杂时可在白纸上将线路画好，然后用复写纸和硬笔即可将图画在板上；双面覆铜板都有线路时，应使两面对应。通常是用两张和印制板大小一样的硫酸描图纸，先在一张的正面把图线画好；然后和另一张叠在一起，在另一张的反面对应第一张的正面画好的图的对应位置画出反面的线路。再分别将两张图用复写纸描出，这样即可在板的两面绘出对称的图线。

一般应使用快干漆，漆的浓度应适中，太稠不易干，太稀易流，必须先在板上试画好，再正式画。覆铜板应光洁平整、无起泡、划伤、断裂、分层等缺陷。

⑤ 漆干后将画好线路的覆铜板放入盛有三氯化铁溶液（浓度 35%，即一份三氯化铁，二份水）的盘形容器里，室温较低时可略加热到 60℃ 左右；片刻后，即可将没被油漆覆盖的铜箔腐蚀掉，取出后立即用清水洗净，晾干。

⑥ 在涂有油漆的印制导线上涂上酒精或汽油，片刻即用棉球蘸上酒精或汽油将油漆擦掉，露出铜箔的线条；或者将其放在盛有烧碱的溶液里，加热到 80℃，也即可除掉。除掉漆后的印制板必须用清水洗净，然后风干或烘干，烘干时应恒温 70℃。

⑦ 钻孔。钻孔一般可在腐蚀前进行，也可在腐蚀后进行。钻孔需按图样要求钻孔，必须钻正。钻孔应在仪表小台钻上进行，有时也可用手枪钻。孔径应根据元器件管脚的直径和元器件固定螺孔直径决定，一般为 1mm 和 3～5mm。钻孔要求孔眼光洁、无毛刺。通常小孔应用高速钻孔；大孔则用低速钻孔。双面印制板钻孔时必须对正。

⑧ 刷助焊剂

a. 将钻好孔的印制板放入 5%～10% 的稀硫酸溶液里浸泡 3～5min，取出后用清水洗净。再用去污粉擦拭，一直擦到铜箔表面光洁明亮为止。如有铜丝抛光轮，也可抛光。无论哪种方法见到铜的金属光泽为止，以避免减小铜箔厚度。

b. 用刻字小刀将印刷板上不规则的部分修整好，修整时必须遵守前述的要求，并不得划伤玻璃布板。

c. 用清水冲洗并立即擦干，放入烘箱，恒温 70℃，10～15min 即可。用电炉子烘烤也可，烘到手感稍烫手为止。

d. 取出烘箱或停止电烤后即可在印制板上涂上一层助焊剂，一般用松香水（20% 松香粉末，78% 酒精、2% 三乙醇胺混合配制）。涂层应均匀，不宜太厚，然后烘干即可，以不粘手为准。

⑨ 元器件的焊接及组装。元器件的焊接和组装是印制板制作的关键一步，操作者应有熟练的焊接技巧技能和对元器件有充分的了解和认识，才能胜任。

a. 焊接使用的工具和材料。焊接时常使用规格不同的电烙铁，一般常使用 15W、25W、75W 三种规格的电烙铁，根据元器件的大小和腿脚截面积选用。集成电路应使用 15W 袖珍电烙铁，一般半导体元器件可使用 15～25W 的电烙铁，大型元器件应使用 75W 或以上的电烙铁。假如选择不当可造成假焊、虚焊，或者因过热烧坏元器件。使用的焊丝应为空心带焊剂的优质焊丝，其直径应和使用的烙铁对应，用小烙铁、粗焊丝，大烙铁、细焊丝都是不适当的。焊接时应准备两把尖嘴或扁嘴钳子或金属镊子，作为夹住管脚及帮助导热用。另外应有一只烙铁架，作为烙铁的支架，避免乱放热坏其他器件或物品。

b. 元器件在板上放置的要求。印制板上装设的元器件，应排列整齐；元器件的标称值或符号应面向上方以查看方便；对于同类元件，应保持方向一致；元器件引线弯折处与元器件根部的距离、弯折半径、引线的间距如图 3-56a 所示；一般元器件采用卧式贴板安装，如图 3-56b 所示；发热元器件（如 2W 以上的电阻）应悬空安装，离开板面应不小于 2～5mm；跨接印制导线的元器件，应离板面 2～5mm 悬空安装；如图 3-56c 所示；非发热元器件可套透明绝缘套管贴板安装。

竖直引出管脚的晶体管、二极管、直立电容等立式元器件其管腿应高出板面 3～5mm，或采用 3～5mm 的专用绝缘托垫，将其托住再贴紧印制板。大功率管应装设在散热器上，再将散热器垂直或水平固定在板上，如图 3-57 所示。大型晶闸管、功率管、整流管一般应装设在柜内的电器梁上。并装有散热器，散热器应通过计算进行选择。

对较重的元器件，应有固定措施，如图 3-58 所示。重量的限制应从多方面因素考虑。

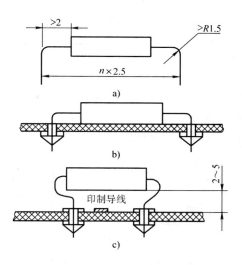

图 3-56 元器件在板上的放置

a）元器件腿的弯折 b）卧式贴板安装

c）发热元器件或跨接印刷导线元器件的安装

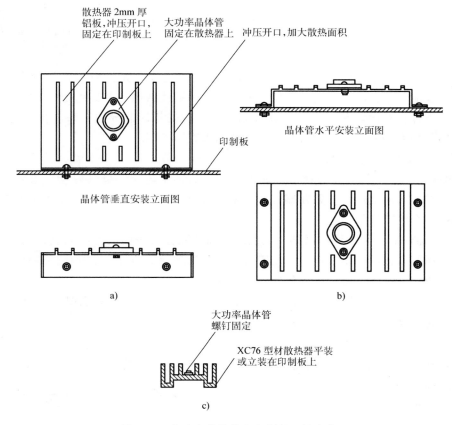

图 3-57 大功率晶体管在印制板上的安装

a）晶体管垂直安装 b）晶体管水平安装 c）晶体管安装在型材散热器上

元器件为集成电路时通常有两种在板上放置的形式：一种是用管座插接；另一种是直接焊接，如图 3-59 所示。

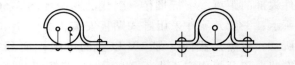

图 3-58　较重元器件的固定

元器件的引线或壳体至板边缘的距离应≥5mm；元器件互相垂直布置时，元器件的外壳至其他元件引线的距离应大于 1mm；相邻元器件外壳间的距离应大于 0.5mm；紧固安装件边缘至印制导线或焊盘的距离应大于 0.5mm；如图 3-60 所示。

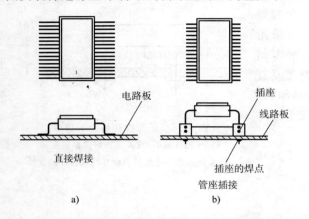

图 3-59　集成电路器件在板上的焊接
a）直接焊接　b）管座插接

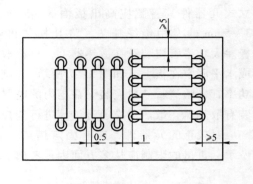

图 3-60　元器件间及元器件与
印制板边缘的尺寸

c. 元器件在板上排列规则。分布应均匀、疏密要适当；元件应尽量放置在同一面上；元器件的引线应有单独的穿线孔，严禁两根元器件的引线共用一个穿线孔；不得立体交叉或重叠布置元器件；双面印制板的主元器件面上，要少安排印制导线；印制板垂直地面安装时、对于体积稍大的元器件，应将其轴向与地面垂直。

d. 手工焊接工艺方法及要求：

a）用铁锉将烙铁头叨锡面锉出金属光泽，然后插上电源，烧热后应在松香上蘸一下，再把焊丝放在叨锡面上熔化，并在盛有松香末的铁盒内来回摩擦，使锡和叨锡面充分摩擦，直至叨锡面整个镀有锡液为止。

b）把元器件的引线、管脚用细砂纸或酒精棉球除去其表面的污物或氧化物，然后用烙铁搪锡，即用叨有锡液的烙铁在引线或管脚上来回滑动一次即可。半导体件或集成电路的引脚应用扁嘴钳子或镊子夹好，帮助其散热。

c）把元器件按放置要求插入焊盘的孔内，并用钳子或镊子夹好引脚，然后用烙铁叨上焊锡，将叨锡面靠紧腿脚的根部并落放在焊盘上，并迅速离开，即可在焊盘上留下丰满圆浑的焊点。叨锡面和焊盘接触的时间由经验和熟练程度决定，通常为 2s 左右。叨锡面和焊盘接触的情况如图 3-61 所示。然后把多余部分的引脚用桃嘴钳子剪掉。有些人焊焊接时先把引脚剪短再焊，

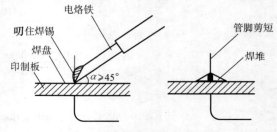

图 3-61　焊接工艺过程示意图

效果相同。只是应把图 3-61 中电烙铁转 180°，使锡珠朝下。当烙铁离开焊点的瞬间可用嘴轻轻吹焊点，帮助其迅速凝固。焊点应有金属光泽。产生虚焊或不良焊接的原因主要是元器件引线、导线和焊盘的表面处理不妥，有油迹污物，表面不清洁或焊锡、焊剂质量不好或用量偏少及烙铁温度较低等因素引起。焊接时最好使用有带开关的电烙铁，随时可将电源关掉，使烙铁降低温度，这对连续焊接有极大好处。经验证明，温度过高也不易焊接。

d）集成块的焊接。集成块一般引脚多且密，焊接不宜掌握。通常是把引脚先折成一定的角度，使其和焊盘上的印制导线充分的接触，并且一致，如图 3-59 所示。引脚镀锡同前。然后在集成块下面涂上一小点 502 胶（注意不得涂在引脚上），将其粘固在印制板上，并将引脚和印制导线对齐，印制导线的宽度和密度应和集成块对应。把阻焊剂涂在管脚与印制导线接触部分的导线间隙上，涂阻焊剂是一项仔细的工作，一般借助放大镜进行，应焊接的部位不得涂上一点阻焊剂，不应焊接的部位应涂满阻焊剂。然后用 15W 小电烙铁，叼上锡，按图中所标的方向，叼锡后可在焊接处缓慢移动，其方向应和印制导线的方向平行。焊完后用放大镜仔细检查，凡已宽焊部分应用刻字小刀小心刮掉，刮时不得伤及印制导线和引腿。或者用硬质阻燃纸片刻成图 3-62 形罩在引脚和印刷导线上，再施焊。

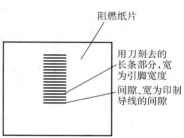

图 3-62 集成电路的焊接

2. 元器件的试验和筛选

印制板上的元器件和低压电器一样，组装前要进行测试。我们把数量不多的元器件测试叫作元器件的试验，而把数量很多的元器件测试叫作筛选，意思是从中选出性能好的元器件。需要说明的是我们这里介绍的仅是批量很小且为手工测试的简单方法，不适用大批量机械化生产。有关电子元器件的测试和仪器的使用详见本丛书《电工实用技术技能》、《电气设备、元件、材料的测试及试验》分册相关内容。

（八）电子控制设备的制作要点

装有电子器件的电气控制设备简称电子电控设备，它是由各种电子器件，包括电力电子器件、半导体器件、磁性元件以及其他的静止控制单元或器件，以至低压电器组成的控制系统，主要有功率控制柜、调节控制柜、功率—调节混合控制柜、可编程序控制柜、混合控制柜等，其主要功能是实现对电动机的调速和控制。

1. 功率柜

功率柜一般由晶闸管、大功率晶体管、控制单元、脉冲变压器、放大器、保护器件以及大电流的导线和小电流的控制导线等组成。

（1）元器件的布置 如图 3-63 所示，所有元器件装在电器梁上，自然冷却时，散热器的叶片应垂直于地面，且周围应有足够的空间；采用风冷时，可将散热器以抽屉框架的形式，置于风道中，采用低噪声离心风机。风道出风口一般经过集风器与风机直接连接，进风口设有滤气装置，一般用铜网；采用水冷却时，用不低于 100～200 孔眼/cm² 的铜网过滤。冷却水循环系统，如管路、阀门等应使用塑料、尼龙制品。热交换器允许采用紫铜管。使用运行时，水质应符合表 3-28 的规定，同时系统中有流量计量装置。

保护元件装于功率元件旁侧，愈近愈好，元器件的电气间隙和爬电距离应符合表 3-29 的规定。

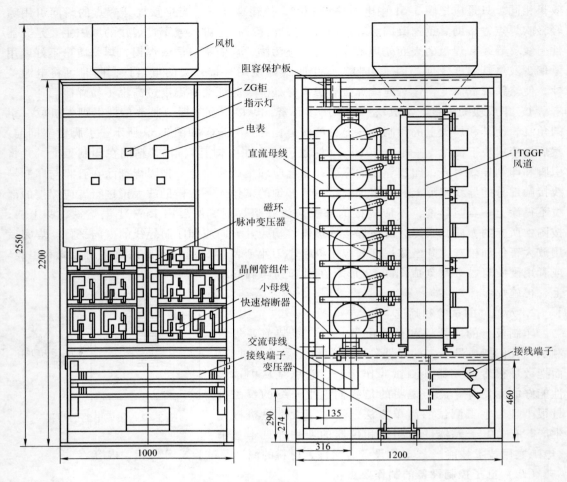

图 3-63   功率柜的元件布置示意图

表 3-28   冷却水的规格要求

流　量	进水温度	水　质
应符合被冷却元器件标准的规定	35℃ [①]	$p \geqslant 2.5 k\Omega \cdot cm$，pH：6～9，硬度 < 10μg（当量）/L，氨（NH_3）< 1μg/L 无机械混合物。

① 指环境温度为 40℃ 时的数值，为保证散热器表面不产生凝露，进水温度与环境温度之差，不得大于 5℃。

表 3-29   电气间隙和爬电距离

额定绝缘电压 U_i/V	额定电流 ≤60A		额定电流 >60A	
	电气间隙/mm	爬电距离/mm	电气间隙/mm	爬电距离/mm
$U_i < 60$	2	3	3	4
$60 < U_i \leqslant 300$	4	6	6	10
$300 < U_i \leqslant 660$	6	12	8	14
$660 < U_i \leqslant 800$	10	14	10	20
$800 < U_i \leqslant 1500$	14	20	14	28

（2）配线　配线应采用线槽配线，配线时的连接应采用压接、焊接和插接。晶闸管的触发脉冲线与主电路的检测线、阻容保护线必须分开布置。不得采用公共导线，严禁将强电

线和弱电线捆绑在一起或置于同一行线槽中。晶闸管供触发用的引线不能借用阴极散热器上的引线。大功率晶闸管应设置专供触发用的门极和阴极连接。

接线端子要分成交流电源端子、有瞬变信号端子、弱电信号端子等端子板，各板之间保持足够的距离。

传输大于1000A电流的母线与信号线间的平行布线距离，在柜内应大于200mm。

脉冲变压器可设置双层屏蔽，一次绕组的屏蔽层应直接接地，二次绕组的屏蔽层应与晶闸管的阴极连接。

与脉冲变压器相连接的导线应单独布线，它与有强干扰的母线或电缆平行布线距离，在柜内应大于200mm。

导线的颜色一般条件下，交流三相电路 L_1 相黄色，L_2 相绿色，L_3 相红色，零线或中性线淡蓝色，安全用的接地线黄和绿双色；用双芯导线或双根绞线连接的交流电路红黑色并行；直流电路的正极棕色，负极蓝色，接地中线淡蓝色；晶体管集电极红色，基极黄色，发射极蓝色；二极管阳极蓝色，阴极红色；晶闸管阳极蓝色，门极黄色，阴极红色；双向晶闸管门极黄色，主电极白色；整个设备内部二次线布线一般为黑色，半导体电路为白色，如有混淆时容许选指定用色外的其他颜色，如橙、紫、灰、绿蓝、玫瑰红等加以区分。

其他同前。

（3）接地的设置　电子控制设备接地一般有三种：

1）供低电平信号用的零伏系统地接地端子；

2）供多噪声的继电器等用的零伏中性线的接地端子；

3）保护接地端子，应和柜体接地螺栓可靠连接。

三种接地端子应相互独立并绝缘。

（4）元器件的分布区域　以2.2m高的控制柜为例，说明元器件的分布区域，见表3-30。

表3-30　元器件的推荐分布区域

区域	推荐安装高度/mm	指示仪表	分压器	指示灯	电铃电笛	刀开关	按钮	转换开关	低压断路器	继电器	接触器	手动复位继电器	电流在800A以上的喷弧元器件	板形电阻	管形电阻	200VA以下单相变压器	电容器	变阻器	电流互感器	熔断器	整流器	可调管形电阻
1	2200	✓	✓	✓	*	×	×	×	×	✓	×	✓	✓	*	*	✓○	×	×	×	×	×	×
	1950	✓	✓	○	✓	×	×	×	×	✓	×	✓	✓	*	*	✓*	✓	×	×	✓○	✓*	○
2	1700	✓	✓	✓	✓	✓	✓	✓	✓	✓	✓	×	○	✓	✓	✓*	✓	*	*	✓*	✓*	*
	1450	×	×	×	×	✓	✓	✓	✓	✓	✓	×	×	✓	✓	✓*	✓	*	*	✓*	✓*	*
3	1200	×	×	×	×	×	×	×	×	×	✓	×	×	✓	✓	✓*	✓	✓	✓	✓*	✓*	*
	950	×	×	×	×	×	×	×	×	×	×	×	×	✓	✓	✓*	✓	✓	✓	✓*	✓*	✓
	700	×	×	×	×	×	×	×	×	×	×	×	×	✓	✓	✓*	✓	✓	✓	✓*	✓*	✓
4	450	×	×	×	×	×	×	×	×	×	×	×	×	✓	✓	✓*	✓	✓	✓	✓○	✓○	○
	200	×	×	×	×	×	×	×	×	×	×	×	×	×	×	×	×	✓	✓	✓○	✓○	○

注：✓—推荐安装；×—避免安装；*—推荐柜后部安装；○—允许柜后部安装。

1）监视器件的布置。

①控制柜的监视器件均布置在仪表板上。测量仪表一般在仪表板的上部，指示灯一般在下部。无仪表板时，一般装置在门的上部，要求同仪表板。

② 控制屏的测量仪表宜在屏的上部，距地面一般为 1.7 ~ 2.2m，指示灯应在 1.2 ~ 1.95m 的范围内。电表应装在钢板上。

③ 指示灯、信号灯颜色的选择见表 3-31 ~ 表 3-34。

表 3-31　指示灯选色示例

应用类型	开　关		指　示　灯			
	功　能	位置	安装位置	给操作者的光信息	光信息的用途	选用颜色
有易触及带电部件的高低压室或试验区	主电源断路器	闭合	室(区)外的入口处	入内有危险	有触电危险	红
		断开		无电	安全	绿
低压配电设备	电源	闭合	低压配电设备上	支路供电	供电	白
		断开		支路无电	无电	绿
机器的电控设备	各个电动机的电源断路器	断开	操作者的控制台或电控设备上	指示灯不亮:未供电		白
		闭合		供电	正常状态	
	各个电动机的起动器	断开		准备就绪	机器或操作循环系统准备完毕	绿
		闭合		机器运转	确认起动	白
抽出危险气体的通风机	电动机的起动器	闭合	风道口	注意:风机正在运转	注意	黄
			操作者的控制台上和可能聚集有害气体的区域	正在进行抽气	安全	绿
		断开		停止抽气	危险	红
当输送停止时,所输送物料将凝固的输送装置	电动机的起动器	闭合	运输机的近旁	运输机在工作勿触及离开	注意	黄
			操作者的控制台上	正常运行	正常状态	白
				运输机已超载	注意:需降低负载	黄
		断开		超载停机	需立即采取行动或重新启动	红

表 3-32　指示灯的颜色及其含义

颜色	含义	说　明	举　例
红	危险或告急	有危险或须立即采取行动	润滑系统失压,温度已超(安全)极限,因保护器件动作而停机,有触及带电或运动的部件的危险
黄	注意	情况有变化,或即将发生变化	温度或压力异常当仅能承受允许的短时过载
绿	安全	正常或允许进行	冷却通风正常自动控制系统正常机器准备起动
蓝	按需要指定用意	除红、黄、绿三色之外的任何指定用意	遥控指示选择开关在设定位置
白	无特定用意	任何用意,例如:不能确切地用红、黄、绿以及用作"执行"时	

表 3-33 按钮的颜色及其含义

颜色	含　　义	举　　例
红	处理事故	紧急停机、扑灭燃烧
	"停止"或"断电"	正常停机、停止一台或多台的电动机、装置的局部停机、切断一个开关、带有"停止"或"断电"按钮外的任何功能
黄	参与	防止意外情况，参与抑制反常的状态，避免不需要的变化（事故）
绿	起动或通电	正常起动、起动一台或多台的电动机、装置的局部起动 接通一个开关装置（投入运行）
蓝	上列颜色未包含的任何指定用意	凡红黄和绿色未包含的用意，皆可采用蓝色
黑灰白	无特定用意	除单功能的"停止"或"断电"按钮外的任何功能

表 3-34 灯光按钮的类型

按钮的类型	灯　灭	灯　亮
a		颜色不变
b	无特定颜色（非彩色）	任何一种颜色
c	无特定颜色（非彩色）	不同颜色（每种颜色都有各自的灯）

2）接触器、继电器的布置。应按喷弧距离的长短布置，喷弧距离较长的接触器应布置在屏、柜的上部，距地≥1.7m，并有足够的喷弧距离，必要时要有隔弧板。大型元器件一般装在屏柜的下部。

柜、屏的整个面板上可布置中小型接触器、继电器。手动复位的继电器应在 0.7～1.7m 标高内。接触器、继电器等强电元件的间距（导电部分）应符合表 3-8 的规定。元器件的布置，应考虑配线、接线、维修、换件、调整和测试的空间。接地螺栓的尺寸必须满足表 3-35 中接地导体的要求。

表 3-35 接于柜体接地螺栓上保护地线的最小截面积　　（单位：mm²）

设备的相导体截面积（铜）S	相应的保护地线最小截面积（铜）S
$S \leqslant 16$	S
$16 < S \leqslant 35$	16
$S > 35$	$S/2$

注：设备相导体为铝质时，应先换算成铜质截面积再选取。

3）操纵器件的布置。操纵器件包括断路器、转换开关、按钮、按键开关等手动器件。

柜体仪表板上可装小型操纵件。空开要考虑喷弧，操纵件要操作方便，一般在 0.7～1.7m 标高之内，应从左到右、从上到下安装布置。

4）发热器件的布置。板型电阻和管形电阻应装于柜后 1.7m 标高以上区域，考虑发热对其他元件的影响，导线连接发热器件时应采用耐热导线或套小瓷管，具体要求见表 3-36 和表 3-37。

5）其他器件。接线端子板用于相邻柜、屏的使用时应布置于柜的两侧，用于外部接线使用时，应置于柜的下部，一般不低于 300mm。

母线应涂色标出相序、极性，其排列、颜色应符合表 3-9 的要求。

此外，元器件的分布应考虑接线的方便以及元器件的互相干扰。上述原则也并非一程不变，应根据实际需要，特别是运行方面的需要，在标准，规程允许的条件下，进行合理的调整，使之更准确地适合实际的需要。

表 3-36　管形电阻安装方位　　　　　　　　　（单位：mm）

发热件		间距及长度	推荐电器元件、电子器件等与发热元件间的距离				发热件上导线需剥去的绝缘长度并套以瓷珠
			上方		侧方	下方	
			①	②			
管形电阻发热功率为额定功率不同百分比时	7.5W	≤10%	10	10	10	10	10
		≤30%	20	20	10	10	
		≤50%	30	40	10	10	20
	15W	≤10%	10	10	10	10	10
		≤30%	20	80	10	10	
		≤50%	30	100	10	10	20
	25W	≤10%	10	10	10	10	20
		≤30%	50	100	10	10	
		≤50%	100	200	20	20	40
	50W	≤10%	10	80	10	10	20
		≤30%	50	100	10	10	
		≤50%	100	200	20	20	40
	100W	≤10%	10	80	10	10	20
		≤30%	50	200	20	20	
		≤50%	100	300	30	30	40
	150W	≤10%	10	80	10	10	20
		≤30%	80	200	20	20	
		≤50%	150	300	30	30	40
	200W	≤10%	10	100	10	10	20
		≤30%	80	300	20	20	
		≤50%	150	400	30	30	40

① 安装处空气温升为 +20K 时的数值。
② 安装处空气温升为 +10K 时的数值。

表 3-37　板形电阻与其他元器件间的最小距离　　　　　　　　　（单位：mm）

名　称	推荐的最小间距		
	在电阻之上	在电阻之侧	在电阻之下
绝缘件	50	40	40
导线	50	40	40
板形电阻	40	10	40
管形电阻	50	40	50
指示灯	50	40	50
半导体器件	不推荐安装	40	40

2. 调节柜

调节柜一般由给定、调节、变换、触发、逻辑转换等控制单元及由单片机组成的控制单元共同组成的若干个插件箱，以及控制继电器等低压电器组成。

1）元器件的布置如图 3-64 所示。布置应将高频与低频、数字与模拟、强电与弱电的元器件、信号、线路分开，必要时要屏蔽。

插件箱一般放在柜的中部，插件箱下部装置继电器、低压电器；电源变压器、交流稳压器、电源滤波器等，应放在柜的下部。

各个单元的供电应采用条形母线向各个单元的插件供电。

2）配线、接地、显示器件、操作元件等同功率柜。

3. 功率—调节混合柜

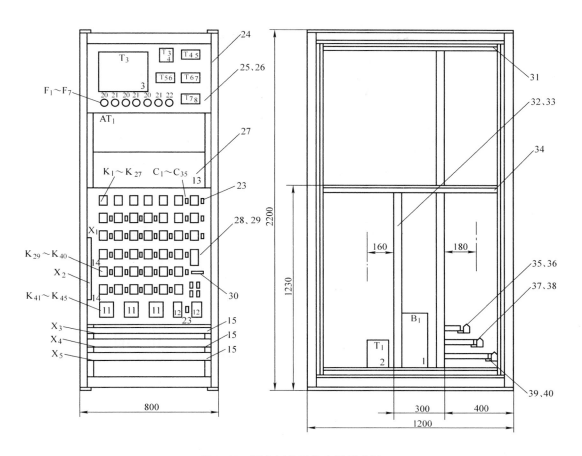

图 3-64 调节柜的元件布置示意图

功率器件和控制单元混合布置时，功率器件应放在柜的上部，控制单元的器件放在下部，其他同功率柜、调节柜。实例如图 3-65 所示。

4. PLC 柜的布置

可编程序控制器（PLC）由模板，如电源、控制器和 I/O 及模块架组成。PLC 机抗干扰能力较强，可直接用于现场，并和其他控制部件装于同一柜内。通常风机板布置在柜上部，PLC 机置于中部，稳压电源等放在柜的下部。布置图如图 3-66 所示。

接地应注意以下 4 点：①避开未接地电源或开路三角形接法的变压器；②避免使用有容抗或阻抗的接地系统；③避免产生接地回路，采用公共接地系统可使瞬时浪涌的影响减到最小；④两机柜或单柜仪表盘间是分离开的，则应有电气可靠连接。

5. 混合式电气控制设备

混合式电气控制设备简称混合柜，是将低压电气元件、电子器件以及功率器件共装于同一柜体中所组成的设备。

一般将功率单元布置在柜的上部，调节控制单元置于柜子中部，主开关、接触器、继电器置于柜的下部。如图 3-67 所示。12 只晶闸管 V 装于风道之中，控制单元 A 装于右中部，FU 熔断器、KM 接触器、TA 互感器等装于下部，断路器装于柜前，小型变压器 T_3 装在条

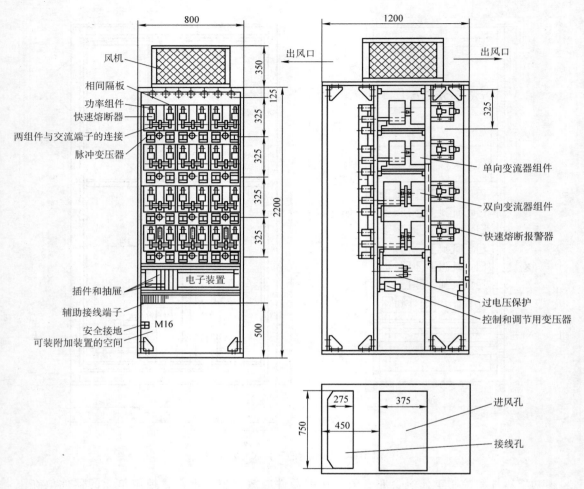

图 3-65　功率—调节混合柜元件布置示意图

架上，较大的变压器装于柜底。其他要求如前所述。

6. 台式控制柜

台式控制柜也称控制台或操作台，用于频繁操作的控制系统

（1）操作件的布置

1）操作件应布置在仪表板上，没有仪表板可设在台面上。操作件应按操作顺序由左至右、再由上往下布置，或按生产流程程序布置。经常操纵的元器件，应布置在视角左右各 30°的范围以内。其中高精度调节、连续调节、频繁操作件应设在右侧。紧急停车按钮宜选大型的蘑菇头按钮，设置在台上不易碰撞的位置且又便于操作的位置。

2）操作的运动方向，应尽可能和设备的运动方向一致或其效应相适应。表 3-38 列出了操作的方向与其对应的最终效应的关系。

3）常用按钮、旋钮、小型开关的安装距离如图 3-68 所示。

（2）显示器件的布置　测量仪表、数码管应设置在仪表板上部；无仪表板时，可设在台面的较远处。指示灯应设在仪表板的中部或台面的较远处。

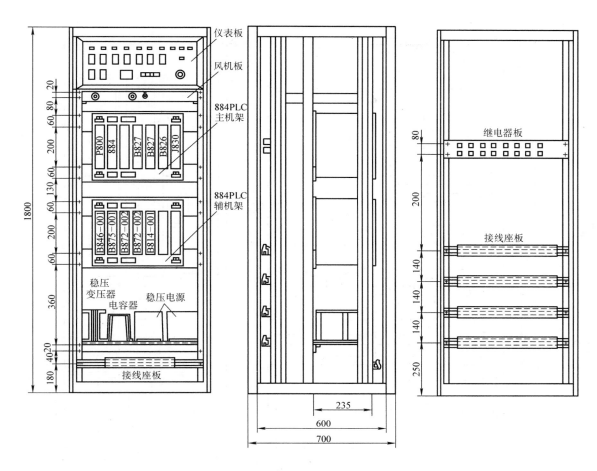

图 3-66　PC 在铝合金轻型柜中的布置示意图

表 3-38　操作与效应的关系

操作件类型	操作方向	对应的效应
旋转运动：手轮、手柄、旋钮	顺时针旋转↓	物理量[①]增加、启动、开通
	逆时针旋转↑	物理量减少、停止、断开
直线运动：把手、操作件	向上↑、向右→、向前（离开操作者）⊕	投入运行、启动、加速、闭合电路；执行部件向上运动、向右运动、向前运动
	向下↓、向左←、向后（向着操作者）⊙	退出运行、停止、减速、分断电路；执行部件向下运动、向左运动、向后运动

① 物理量：包括电流、电压、功率、速度、亮度、温度等量。

（3）操作元件运动与仪表指针运动的配合关系　如图 3-69 所示。

（4）其他元件的布置　单板机可设置在台面上，继电器、接触器、熔断器、数字控制单元、变压器、稳压电源、端子板等可设置在台面板下的箱体内。采用面板或电器梁安装，标高应大于 200mm。

配线方法，元器件的固定，按钮、信号灯、导线的颜色要求同前。

控制台的元件布置如图 3-70 所示。

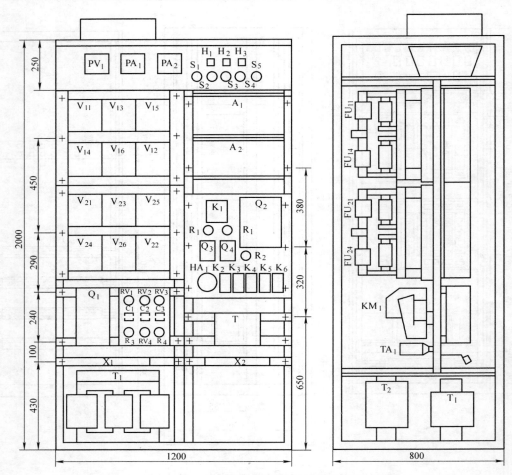

图 3-67　混合柜元器件布置示意图

操作件名称	排列方式	安置距离 L/mm		排列特点
		最小	最优	
按钮	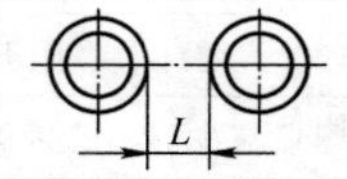	6	12.5～25	垂直排列时 L 可适当减小, 且易于正确分辨
旋钮	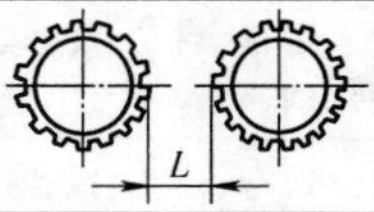	25	>50	
小型开关	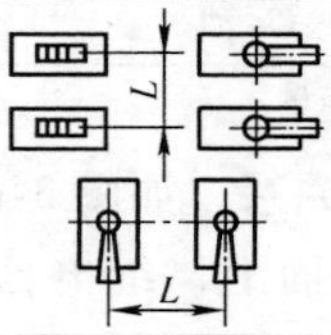	12.5	25～50	排列空间较小
十字摇把	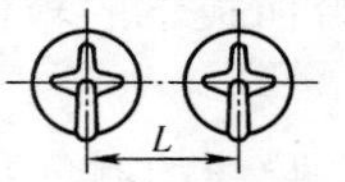	50	>100	

图 3-68　常用操作元件的安装距离

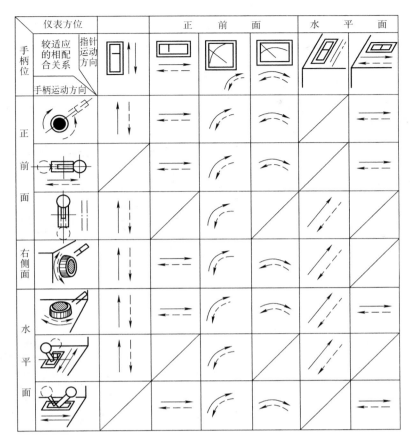

图 3-69　操作元件运动与仪表指针运动的配合关系

上述电子控制设备柜体的制作基本同前，主要材料是型钢、钢板以及钢板折成一定形状的构件，连接方法主要是焊接和螺钉紧固件连接。近几年又有一种新型电气控制柜，形体结构与上述基本相同，不同的是所有柜体的钢板零部件全为模具压成、组装时不用焊接、全部用可调销钉连接，整体性好，组装方便灵活，结构新颖。

五、低压开关柜的制作

低压开关柜的种类很多，主要的有三种类型：一种是半开启的 PGL 系列低压配电屏；一种是封闭式的 GGL1 系列低压开关柜；另一种是封闭抽屉式 BFC 系列开关柜，其基本骨架都是由钢板及其压制成型的部件和型钢焊接组装而成的。它们的用途主要是作为受电、馈电或控制电动机用的。

（一）PGL 系列低压配电屏的制作

1. 屏体结构

PGL 系列低压配电屏的外形及结构如图 3-71 ~ 图 3-73 所示。柜高一律 2200mm，柜厚一律 600mm，柜宽分 400、600、800、1000mm 四种。

前后立柱、上沿、下坎、仪表门、面板、柜门、侧板、后沿均由薄钢板折边后焊接制成。仪表板是一个能开启的小门，其门轴是上下分别插入上沿和面板右侧折起小边的圆孔内的活动插棍，从前面看不到门轴，只有开启后才能看到。面板的开孔全部冲压；面板是电焊

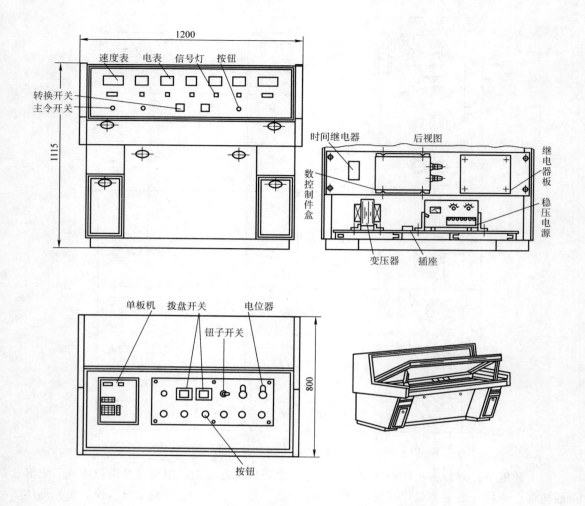

图 3-70　控制台元件布置示意图

点焊在前立柱上的，焊点在立柱和面板折起的小边上的，只有从板后才能看到，其开孔全部冲压；门一般为双门，也有单门的，门轴结构同仪表板，门档是焊上去的钢板做成的 L 形挡板；另外双门时，其中一扇折有通长的门档。侧板是扣进前后立柱中去的，并用螺钉和立柱紧固；上沿和下坎是和前立柱电焊点焊焊接的；在底部有角钢做成的框架，上部有角钢 π 形框架，两个框架是用角钢电器梁电焊连接的，组成框体的骨架，而四根立柱和上下框架是由焊连接的。中立柱和前立柱有拉板电焊连接；母线是由母线支托固定的，而母线支托则是固定在上框架上；后沿是由螺栓固定在上框架上的；在柜顶有盖板，柜顶盖板是用螺栓固定在前沿和后沿上的，盖板和后沿都开有百叶窗。仪表板、面板、测板、柜门、立框、上沿、下坎之间的缝隙均不大于 1mm；连接部位的开孔，除仪表板和柜门外，一般为长孔。

2. PGL 系列低压开关柜的制作工艺及要求

基本同前面的控制柜，下面说明几点不同的地方。

1）柜体焊接装配成型的程序。

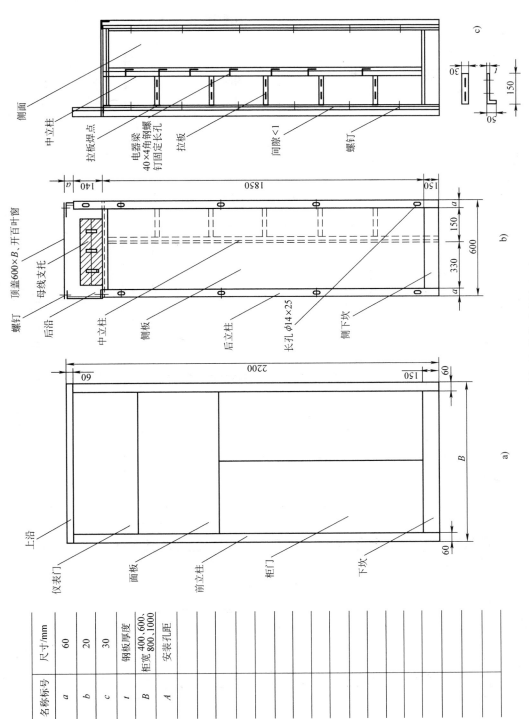

图 3-71　PGL 系列低压柜结构示意图（一）
a) 正面图　b) 侧面图　c) 侧面剖面图

名称标号	尺寸/mm
a	60
b	20
c	30
t	钢板厚度
B	柜宽 400、600、800、1000
A	安装孔距

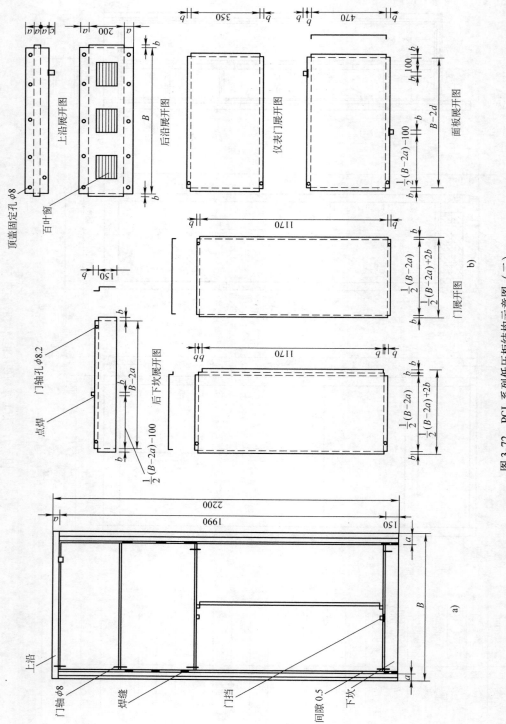

图 3-72　PGL 系列低压柜结构示意图（二）
a）前脸剖面图　b）各部件展开图

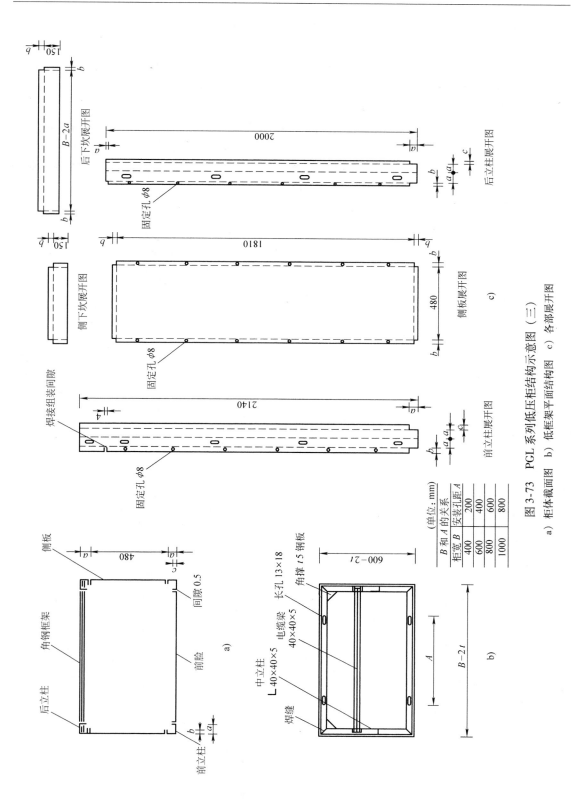

（单位：mm）

B 和 A 的关系

柜宽 B	安装孔距 A
400	200
600	400
800	600
1000	800

图 3-73 PGL 系列低压柜结构示意图（三）

a) 柜体截面图 b) 低框架平面结构图 c) 各部展开图

① 焊接一律在焊接平台上进行，板材下料一律用剪板机，型钢一律用铁锯或无齿锯，下料尺寸如图 3-71 ~ 图 3-73 所示。

② 上框架和下框结构不同，它是一个 π 形开口架，其开口是和前立柱焊接的，组装焊接时先用一临时角钢和其点焊成口字架，和立柱焊接时再将临时角钢取掉。

③ 上下框架和前立柱的焊接。

a. 焊口处角钢和立柱的处理。上框架的侧面是露在外面的，因此外露的端面必须和立柱面焊平，一般是将角钢锯成一个缺口，如图 3-74 所示，然后将其插入立柱窄面锯开的缝内，角钢和立柱内侧接触部位全部用电焊焊好；但上框架的后侧则是包在后立柱内的，则应将立柱顶端的两个窄面锯掉一部分，长度为角钢的宽度如图 3-75 所示。

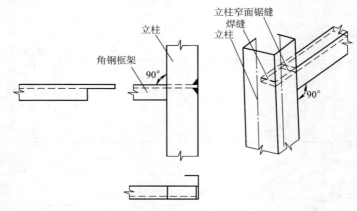

图 3-74　角钢和立柱焊接示意图

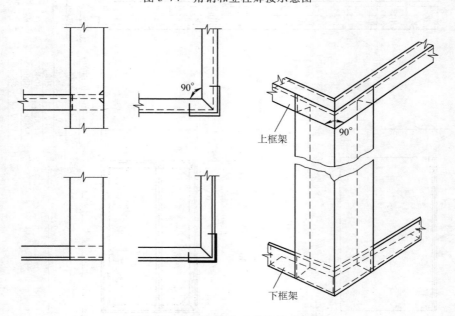

图 3-75　上下框架和立柱连接示意图

下框架是包在立柱和侧下坎内部的，角钢必须伸入到立柱的内侧焊接，因此立柱的下端应将两个窄面锯掉一部分，锯掉长度为角钢的厚度，然后将角钢和立柱内侧接触部位全部用电焊焊好，如图 3-75 所示，要求同上框架。

　b. 将前立柱无连接长孔的一面朝下放在焊接平台上，间距为柜宽；把下框架置于立柜锯掉的缺口内，垂直放置，并用电焊点焊好；再把上框架置于立柜上并插入缺口内，垂直放置，然后用电焊点焊好。

　批量生产是在平台上焊好卡具，卡具是用角钢做成的，其尺寸是按柜体的尺寸而定的，如图 3-76 所示。也可将侧板放在平台上，用前后立柱夹住进行焊接。

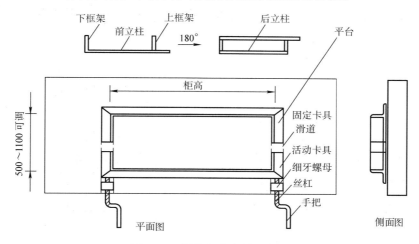

图 3-76　焊接组装卡具示意图

　c. 将 b 焊好的半成品构架台起转 180°，然后放在两根后立柱的端头缺口内，方法同 b。点焊好后重新测量垂直度及尺寸，确认无误后即可正式施焊，焊口全部在立柱的内腔里进行。测量时还应测量四个立面的对角线及垂直度。

　④ 中立柱的焊接。把骨架放倒在平台上，将中立柱置设于上下框架的侧梁上，距前脸250mm；将中立柱端部插入时的多余部分锯掉，形成缺口，如图 3-16 所示，然后在角钢内侧先点焊，再测量，然后正式施焊。

　⑤ 拉板的焊接。拉板做成 L 型，开长孔，一端和前立柱的窄面焊接，另一端和中立柱焊接，拉板的间距应相等，拉板应和立柱垂直。

　⑥ 面板的焊接。将骨架前脸朝下放在平台上，把面板面朝下放在两根前立柱之间，同时把仪表板、上沿、下坎、柜门面朝下也放在前立柱之间，如果下料准确，折边标准，其间的缝隙应小于 1mm，且总长度为 2200mm。否则应进行调整，如间隙太大，应重新丈量尺寸，找出误差大的部位，必要时应重新下料折边。然后将缝隙调整后并把面板的焊接部位作好记号，即可进行焊接。焊接是在面板和立柱折起的小边上进行的，如图 3-72a 所示，应用点焊进行。批量生产其面板的位置应一致，误差不大于 0.5mm。

　⑦ 在⑥的基础上将上沿和下坎焊好，焊接全在内侧进行。这里要注意，上沿的面、下坎的面应和前立柱的面平，误差应小于 0.5mm，上沿、面板、下坎应平行。上沿的焊接是在前立柱的内侧进行的，下坎的焊接是在下坎和立柱折起的小边上进行的，如图 3-71c 所示。为了保证焊接质量应先点焊，后测量，再正式施焊，另外必须把平台、面板、上沿、下坎的面清扫平整干净。

　⑧ 用同样的方法把侧下坎、后下坎焊接好，要求同上。

2）除锈、喷漆处理同控制柜，将骨架、门板、仪表板，侧板电器梁全部除锈、喷漆、烘干。

3）装配仪表板、柜门和电器梁，并开锁孔、装锁。

4）电气装配及配线同控制柜，成束的总控制线竖直方向应捆扎在拉板上，小型控制熔断器也应装在拉板上。如有 DW15 系列大型断路器，则应根据其安装结构再配置电器梁，有时再增加一根中立柱，这样可将 DW15 型断路器安装在水平的两根电器梁上（槽钢），再进行调整，如图 3-77 所示。如果 DW15 型断路器体积超过允许范围，可增加按系列尺寸柜的宽和深度。

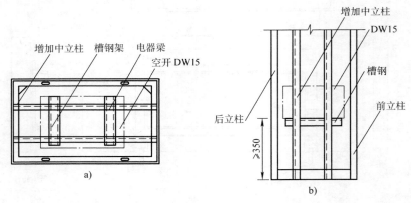

图 3-77　DW15 空气开关安装示意图

a）平面图　b）侧立面图

5）电气调整及试验基本同控制柜，现在只说明一点值得注意的地方。断路器国内生产厂家产品性能符合标准，但有些产品存在电动合闸合不上，手动拉闸拉不开的现象。通常处理的办法是将合闸的电磁铁垫高，使衔铁吸合行程缩短增加吸力，进而保证可靠吸合。具体垫的高度以实测为准，不作规定，一般是将固定电磁铁的螺钉松开，在其下面垫上平光垫，然后再拧紧即可。

手动分闸拉不开时，通常是在传动部位、转轴、拉钩等上面点一点缝纫机油，即可手到病除。

进口产品也有个别的存在上述毛病，即用同样方法处理。

6）将侧板用螺栓固定在柜体两侧，侧板的面应和立柱的面平，因此在内柱和侧板上钻孔时位置必须准确。

7）固定后沿。后沿是由螺栓固定在上框架上的，后面应和后立柱后面平，且垂直于上框架。因此开孔要准确，折边尺寸要卡好。

8）固定母线支托。在上框架的侧梁上开孔要准确一致，否则不能保证母线在一条直线上。母线支托应使用成品件。

9）柜顶盖板固定在前后沿上，通常用螺栓固定，柜顶盖板的下料应为 $A \times 600\text{mm}^2$。

10）将门锁及标签框装好。

11）包装及运输同控制柜。

（二）封闭式 GGL1 系列低压开关柜的制作要点

GGL1 系列低压开关柜的外形及外形尺寸如图 3-78 和表 3-39 所示。

表 3-39　GGL1 低压开关柜的外形及安装尺寸

编号	外形尺寸/mm			安装尺寸/mm	
	a 高	b 宽	c 厚	D	E
01					
02		600		542	
03		800		742	
04		600		542	
05		600	1000	542	820
		800		742	
06		600		542	
07					
08		600		542	
09		800		742	
10					
11					
12					
13	2000				
14					
15		800		742	
16					
17					
18			600		420
19					
20					
21		600		542	
22		800		742	
23		600		542	
24		800		742	
25		600		542	

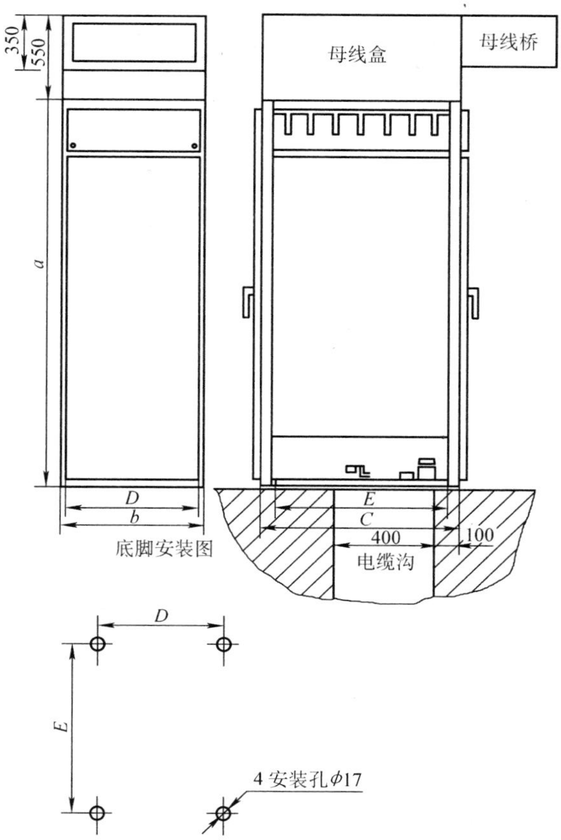

图 3-78　GGL1 固定式低压开关柜外形及安装尺寸

该柜为全封闭式、前后开单门，柜顶有母线盒，可和母线桥连接。柜内选用 ME 系列开关元件，各种元件安装在模数孔上，采用行线槽配线。

（三）封闭抽屉式 BFC 系列低压开关柜制作要点

1. BFC-2B 低压抽屉式开关柜

BFC-2B 型低压抽屉式开关柜的主要特点是将各个单元回路的主要电器元件安装在抽屉中或制成手车。主、支母线采用绝缘被覆，支母线间装有绝缘隔板，防止短路事故扩散。开关柜的骨架由钢板弯制件与角钢焊接而成，按其结构可分为 DW 型断路器柜、DW914 型断路器柜、单面抽屉柜和双面抽屉柜四种。

DW 型断路器柜主要安装 DW5 和 DW95 系列断路器，一律制成手车式；手车具有联锁装置，合闸后打不开抽屉，只有分闸后才能打开抽屉，开关的电源采用插接式，省掉刀闸开关。

DW914 型断路器柜主要安装 DW914 系列断路器，断路器本身为抽屉式，用推进机构推入试验位置或工作位置，并有联锁装置，电源采用插接式。

单面抽屉柜主要安装 DZ10 系列断路器、RT0 系列熔断器和 CJ10 系列接触器，全部制成抽屉式。

双面抽屉柜的前后两面均有抽屉单元，母线立放在柜的中间。

断路器柜及双面抽屉柜的外形尺寸为：2000mm×550mm×900mm（高×宽×深），单面抽屉柜的外形尺寸为：2000mm×550mm×520mm（高×宽×深），其中 DW 型断路器柜外形如图 3-79 所示，DW914（AH）型断路器柜外形如图 3-80 所示。

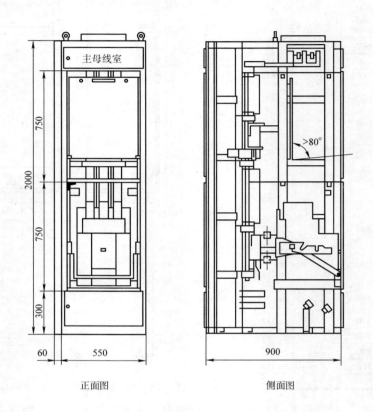

正面图　　　　　　　　　　　　　侧面图

图 3-79　DW 断路器柜的外形尺寸

2. BFC-20A 低压抽屉式开关柜

BFC-20A 型柜是在 BFC-2B 型柜基础上改进的，柜体由薄钢板冲压成型，整个装置以抽屉和框架等用螺钉组装而成。柜体分前后两大部分，前部为电器区，后部为母线及进出线电缆区，中间有挡板间隔。按柜体结构可分为抽屉式、插入式和固定式三种。

动力中心（PC）选用 DWX15C 和 ME 断路器做主开关，均为插入式接线，有机械操作的合闸、试验和分闸位置，并沿导轨抽出或送进。

电动机控制中心（MCC）采用塑壳断路器，制成抽屉式结构，每一电器单元为一抽屉单元。电气设备安装固定在柜体横梁上，每一小室均用托板分隔。

抽屉单元分大中小三种，高度分别为 660mm、440mm、220mm，抽屉小室门与断路器有机械联锁装置。

母排采用三相四线或五线制，三相母线和零线在柜的上方，接地保护线在柜后底部，并与柜体金属构架紧密接触。上进线的开关柜，母排可通过母线槽连接。

外形结构及外形尺寸如图 3-81 和表 3-40 所示。

3. BFC 系列其他柜型（见表 3-41）。

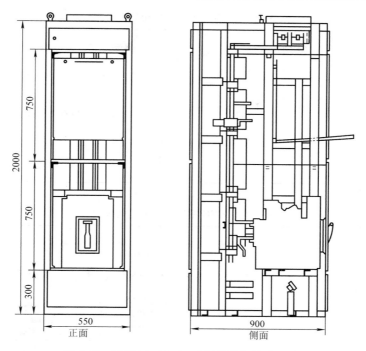

图 3-80　DW914（AH）型断路器柜外形尺寸

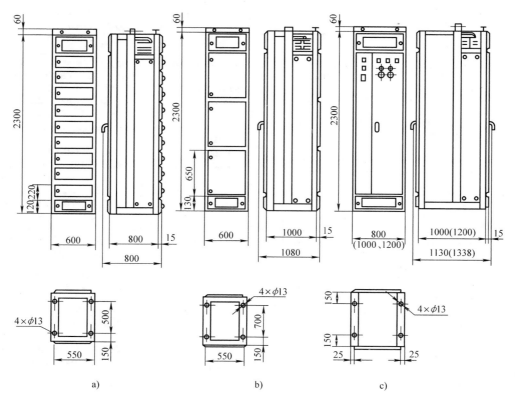

图 3-81　BFC-20A 开关柜外形及安装尺寸

表 3-40　BFC-20A 开关柜柜体外形尺寸

柜　类		外 形 尺 寸			如图 3-81 所示
		深/mm	宽/mm	高/mm	
MCC 柜		1000	600	2360	a
PLC 柜	DWX15C- $\frac{400}{600}$	1000	600	2360	b
	ME630-1600A	1000	800	2360	c
	ME $\frac{2000}{2500}$ A	1000	1000（1200）[①]	2360	c
	ME3200A	1000	1200	2360	c
	ME4000A	1000	1200	2360	c

① 联络柜装 ME-2000A、2500A 柜宽 1200mm。

表 3-41　BFC 系列低压开关柜概况

柜　型	内　容		
	结构特征	技术数据	主要元件
BFC-10A	抽屉结构用万能式 ME 空气断路器，250A 低压断路器 固定结构超过 250A 回路 外形尺寸（宽）×（深）×（高）：600（900）mm×800mm×2000mm	额定电压 500V 以下额定电流 低压断路器 100～1600A 刀熔开关 100～600A 接触器 10～400A	万能式空气断路器 ME630～1600 DW94-800 ～1500 低压断路器 DZ20-100～630 熔断器 RT0 电流互感器 LYM1-0.5、LM-0.5
BFC-12D BFC-12S BFC-12C	外形尺寸（宽）×（深）×（高）： －12D 单面组合柜 800mm×600mm×2300mm －12S 双面组合柜 800mm×1200mm×2300mm －12C 手车柜 800mm×800mm×2300mm	额定电压 380V 额定电流 10～1600A	万能式空气断路器 DW15-600～1500 ME-1600A 低压断路器 DZ20-100～250 熔断器 RT0100～600 电流互感器 LM-0.5
BFC-15	外形尺寸（宽）×（深）×（高）： A 型手车柜 700mm×900mm×2100mm B 型抽屉柜 700mm×60mm×2100mm	额定电压 380V 额定电流 A 型 1500A 以下 B 型 600A 以下	万能式空气断路器 DW600～1500 低压断路器 DZ20-100～600 熔断器 RT050～400 电流互感器 LMZJ、LMK
BFC-20B	抽屉结构，抽屉高分 660mm、440mm、220mm 三种 外形尺寸（宽）×（深）×（高）：700mm×800mm×2340mm、1000mm×800mm×2340mm、900mm×800mm×2340mm、1200mm×800mm×2340mm	额定电压 $\frac{380V}{660V}$ 额定电流 20～3200A	万能式空气断路器 ME630～3900 DW15C 低压断路器 DZ20-100～600 熔断器 RT050～1000、aMgF16～125、NT 型 HRC 熔断器
BFC-21Ⅱ	抽屉式，固定式两种 外形尺寸（宽）×（深）×（高）：600mm×800mm×2360mm、600mm×1000mm×2360mm、800mm×1000mm×2360mm、1000mm×1000mm×2360mm、1200mm×2360mm	额定电压 500V 额定电流 10～4000A	万能式空气断路器 ME630～4000 DWX15C400～600 低压断路器 DZ20-100～630 刀熔开关 HR3-400 熔断器 NT400、RT0400
BFC-30	抽屉结构，抽屉高分 200mm、400mm、450mm、900mm、1800mm 五种 外形尺寸（宽）×（深）×（高）：600（900）mm×900mm×2200mm	额定电压 380V 额定电流 10～2500A	万能式空气断路器 ME630～2500 低压断路器 DZ20-100～250 刀熔开关 HR5-100～600 熔断器 NT、电流互感器 LMZ1
BFC-50	组合装配抽屉式结构 PC 柜抽屉高度分 900mm、1800mm，MCC 柜抽屉高分 200mm、400mm、600mm 三种 外形尺寸（宽）×（深）×（高）：600（800、1000）mm×800mm×2200mm	额定电压 380V 额定电流 10～2500A	万能式空气断路器 ME630～4005 DWX15C400～630 低压断路器 DZ20-100～630 DZX-100～630

随着国民经济的发展、技术的进步、生产和生活的需要及计算机技术的发展，各种新型、新款及功能齐全的电气柜层出不穷，这里不能一一介绍。本章本节的编写也只是抛砖引玉，讲述基本制作方法和程序要点，关于新型新款的电气柜读者可参考相关专著。

六、自动化仪表控制柜的制作

自动化仪表控制柜制作遵循的原则、通用技术要求、制作工艺程序、制作要点、电气部分试验与电气箱柜基本相同，不同的内容主要是柜内的仪表、元器件的测试试验及整机试验。

（一）仪表柜

仪表柜从结构上与电气箱柜基本相同，但是工作原理却大不相同。仪表柜上的测量仪表、控制仪表、记录仪表、显示仪表、调节仪表、转换器、微机控制装置等的测量信号、参数的来源都是来自工业生产的现场，这些信号参数是通过管路、导线由现场的一次仪表或变送器送来的。因此仪表柜的接口很多，有温度、压力/差压、流量物位、成分分析或机械量的各不同，这是按这个测量控制系统所有测量控制参数决定的。同时配以一些电气控制元器件开关等。

这里仅以一台 35t/h 蒸汽锅炉仪表柜为例加以说明，如图 3-82 所示，图中设备元件见表 3-42。元件功能作用及制作具体要求如下：

表 3-42　图 3-82 设备元件表（仅供参考）

编号	名称	型式规格	数量	备注
PI-901	弹簧管压力表	Y-150ZT 0~4MPa	1	
PI-903	弹簧管压力表	Y-150ZT 0~2.5MPa	1	
PIA-902	电接点压力表	YX-150 0~2.5MPa	1	
PI-905~PI-907 PI-908~PI-910	集装式压力指示表	YEM-101 0~8kPa	2	3 台装
PI-911~PI-914	集装式压力指示表	YEM-101 0~4kPa	1	4 台装
PI-915~PI-918	集装式压力指示表	YEM-101 PI-915-4~0kPa PI-916,917:0~4kPa PI-918:0~8kPa	1	4 台装
LRA-901	小型长图平衡记录仪	XWD-102 0~10mA 0~2.5kPa	1	
FR-901/902	小型长图平衡记录仪	XWD-200 0~10mA 0~25t/h	1	
TI-901	动圈式温度指示仪	XCZ-102 0~300℃ BA2	1	
TIA-902	动圈式温度指示调节仪	XCT-121 0~400℃ EA-2	1	
PI-904	矩形膜盒压力表	YEJ-101-3~+3kPa	1	
TS-901	切换开关	FK-6 切换六点	1	
C	比例积分调节器	DTL-231 0~10mA 四通道	1	
K	操作器	DFD-05 0~10mA	1	
HLA-912	闪光信号报警器	XXS-02	1	
	标志框		36	
HIS-911	控制器	DK-2	1	锅炉厂供
HSS-911	转换开关	LW5-P 1587/5	1	
HLSS-901~904, 906~907	转换开关	LW5-15 B4815/5	6	
HI-909 HI-910	电流表	46C₂-A 0~10mA 0~100%	2	

（续）

编号	名称	型式规格	数量	备注
HI-901	电流表	$16T_2$-A 300/5A	1	
HI-902	电流表	$16T_2$-A 150/5A	1	
HI-903	电流表	$16T_2$-A 75/5A	1	
EI-901	电压表	$16T_2$-V 0~450V 380/100V	1	
HSS-908/4 HLSS-908/1、2、3	按钮	LA18-22 红、绿、白色	各1	其中1个 HSS-908/4 为黑色按钮
HLS-909 HLS-910	按钮	LA18-22 红、绿色	各2	
HS-912/1、2 HS-913/1、2	按钮	LA18-22 红、绿色	各2	热工事故信号试验及解除
HS-915	钮子开关	KN3-A/1Z1D 单刀单掷	1	
	信号灯	XD5 红色、绿色	各6	附 2.2kΩ 电阻灯泡 12V、12W
	信号灯	XD5 蓝、黄、白色（控制炉排用）	各1	
	电铃	~220V 75mm	1	
	蜂鸣器	DDZ1=220V	1	
	荧光灯	~220V 100W 带灯具	2	用作盘外照明

1. 锅炉仪表控制盘柜功能

图 3-82 是锅炉房热工仪表控制盘正面元件布置图，它给出了仪表及元件的规格型号及其控制单元的组合情况，表 3-44 是设备元件表。

1）主蒸汽管道的温度测量信号经控制电缆 KVV-5×1.5 由冷端补偿器接至控制盘上主蒸汽温度仪表 XCT-121 上，该表是动圈调节指示仪，可高位报警，测量范围为 0~400℃，分度号为 EA-2，与热电偶配套。

2）给水管道给水温度测量信号、尾部烟道烟气温度信号、空气预热出口风道空气温度信号同时经控制电缆 KVV-7×1.5 由 1# 接线盒接至控制盘的 TS-901 切换开关上，型号为 FK-6，而后再接至温度仪表 XCZ-102 上，该表是动圈指示仪，测量范围为 0~300℃，分度号为 BA2，与热电阻配套。

3）主管蒸汽道蒸汽流量、给水管道给流量和汽包水位的测量信号经控制电缆 KVV29-14×1.5 由 2# 接线盒引至控制盘上分别接至盘上的小型长图平衡记录仪 XWD-200、XWD-102 和汽包水位调节器 DTL-231 上，进行流量的记录、水位的记录和三冲量的比例积分调节（三冲量指蒸汽流量、给水流量和汽包水位）。其中 XWD-200 是双笔记录仪，可同时记录两个参数，信号 0~20mA，流量 0~25t/h；XWD-102 为单笔，信号 0~10mA，记录汽包水位并设有高低水位报警。DTL-231 为比例积分调节器，信号 0~10mA，可进行四个参数的调节，同时设 DFD-05 操作器一只。

4）给水压力、汽包蒸汽压力和主管道蒸汽压力由取样点经导压管分别直接引至盘上的压力表 Y-150ZT0~4MPa、Y-150ZT0~2.5MPa 和 YX-150 0~2.5MPa 上，其中 Y-150ZT 为普通弹簧管压力表，而 YX-150 为电接点压力表，设有高位报警功能。

5）风压和负压的测量信号均由取样点经导压管分别直接接至盘上的集装式压力指示仪表上，其中二次风按左右用两块表、炉排一次风用一块表、空气出口风压和烟气负压共用一块表。集装式压力指示仪表型号 YEM-101，是几块压力表装设在一起的压力测量装置。

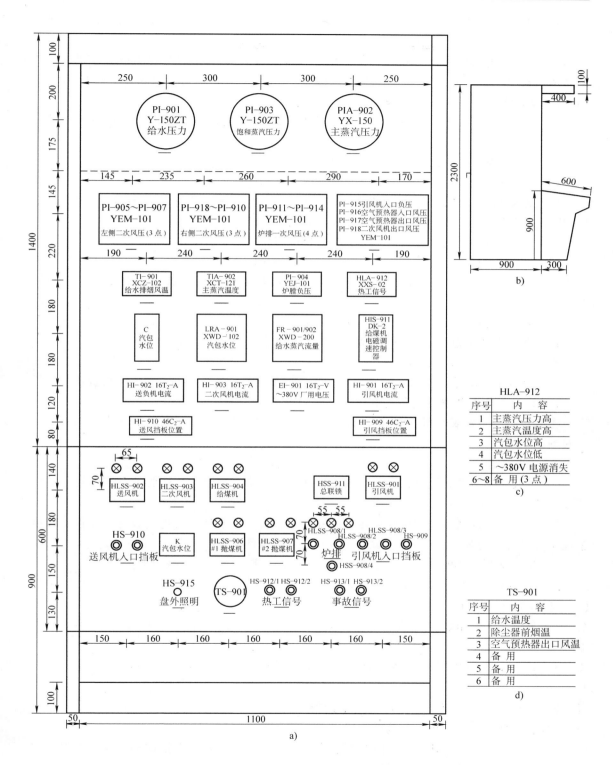

图 3-82 锅炉控制盘正面元件布置及柜体尺寸图

a）正视图 b）侧视图 c）光字牌内容一览表 d）切换开关次序表

6）炉膛负压的测量由取样点经导压管直接引至盘上的 YEJ-101 膜盒式压力表上，规格为 $-3 \sim +3\text{kPa}$。

7）送风机电动机的控制由 16T2-A、信号灯 XD_5 和转换开关 LW5-15 B4815/5 组成，电动调整挡板的控制由按钮 LA18-22 和电流表 $46C_2$-A 组成，其中电流表 $46C_2$-A 是 $0 \sim 10\text{mA}$，用 $0 \sim 100\%$ 来表示挡板的开度。

8）引风机电动机及其电动挡板与送风机相同，其中电流表 16T2-A 为主机电流，需配互感器。

9）二次风机电动机的控制与送风机相同。

10）炉排电动机的控制由按钮 LA18-22 和信号灯 XD_5 组成。

11）给煤机电动的控制由转换开关 LW5-15、B4815/5、信号灯及控制器 DK-2 组成，其中 DK-2 控制其转速，是与电磁调速电动机配套的。

12）抛煤电动机的控制由转换开关 $LW5\text{-}15B_4815/5$ 和信号灯组成。

13）控制盘设盘热工信号，由闪光信号报警器 XXS-02 完成，当主蒸汽压力或温度过高、汽包水位过高或过低、电源消失均闪光报警，并由热工信号按钮试验，由事故信号按钮解除。

14）控制盘设盘上照明，220V、100W 荧光灯。

15）控制盘设总联锁转换开关 LW5-P1587/5。

2. 有关柜体各结构面的尺寸及开孔

应以实体测量为准，折边、开孔、组装焊接、喷漆与电气柜相同，此处不再赘述。

（二）柜上仪表及整机试验要求

主要包括单台仪表及附件的校准及试验、仪表电源设备的试验、综合控制系统的试验和回路的试验等。

1. 一般规定

1）仪表在安装前，应进行检查、校准和试验，确认符合设计文件要求及产品技术文件所规定的技术性能。

2）仪表安装前的校准和试验应在室内进行（方法详见本丛书《电气设备、元件、材料的测试及试验》分册相关内容），试验室应具备下列条件：

① 室内清洁、安静、光线充足，无振动，无对仪表及线路的电磁场干扰。

② 室内温度保持在 $10 \sim 35℃$；

③ 有上下水设施。

3）仪表试验的电源电压应稳定。交流电源及 60V 以上的直流电源电压波动不应超过 $\pm 10\%$。60V 以下的直流电源电压波动不应超过 $\pm 5\%$。

4）仪表试验的气源应清洁、干燥，露点比最低环境温度低 10℃ 以上。气源压力应稳定。

5）仪表工程在系统投用前应进行回路试验。

6）仪表回路试验的电源和气源宜由正式电源和气源供给。

7）仪表校准和试验用的标准仪器仪表应具备有效的计量检定合格证书，其基本误差的绝对值不宜超过被校准仪表基本误差绝对值的 1/3。

8）仪表校准和试验的条件、项目、方法应符合产品技术文件的规定和设计文件要求，并应使用制造厂已提供的专用工具和试验设备。

9）对于施工现场不具备校准条件的仪表，可对检定合格证书的有效性进行验证。

10）设计文件规定禁油和脱脂的仪表在校准和试验时，必须按其规定进行。

11）单台仪表的校准点应在仪表全量程范围内均匀选取，一般不应少于 5 点。回路试验时，仪表校准点不应少于 3 点。

2. 单台仪表的校准和试验

1）指针式显示仪表的校准和试验。

① 面板清洁，刻度和字迹清晰；

② 指针在全标度范围内移动应平稳、灵活。其示值误差、回程误差应符合仪表准确度的规定；

③ 在规定的工作条件下倾斜或轻敲表壳后，指针位移应符合仪表准确度的规定。

2）数字式显示仪表的示值应清晰、稳定，在测量范围内其示值误差应符合仪表准确度的规定。

3）指针式记录仪表的校准和试验。

① 指针在全标度范围内的示值误差和回程误差应符合仪表准确度的规定；

② 记录机构的画线或打印点应清晰，打印纸移动正常；

③ 记录纸上打印的号码或颜色应与切换开关及接线端子上标示的编号一致。

4）积算仪表的准确度应符合产品技术性能要求。

5）变送器、转换器应进行输入输出特性试验和校准，其准确度应符合产品技术性能要求，输入输出信号范围和类型应与铭牌标志、设计文件要求一致，并与显示仪表配套。

6）温度检测仪表的校准试验点不应少于两点。直接显示温度计的示值误差应符合仪表准确度的规定。热电偶和热电阻可在常温下对元器件进行检测，不进行热电性能试验。

7）压力、差压变送器的校准和试验除应按本丛书《电气设备、元件、材料的测试及试验》分册相关内容的要求外，还应按设计文件和使用要求进行零点、量程调整和零点迁移量调整。

8）对于流量检测仪表，应对制造厂的产品合格证和有效的检定证明进行验证。

9）浮筒式液位计可采用干校法或湿校法校准。干校挂重质量的确定，以及湿校试验介质密度的换算，均应符合产品设计使用状态的要求。

10）贮罐液位计、料面计可在安装完成后直接模拟物位进行就地校准。

11）称重仪表及其传感器可在安装完成后直接均匀加载标准重量进行就地校准。

12）测量位移、振动等机械量的仪表，可使用专用试验设备进行校准和试验。

13）分析仪表的显示仪表部分应按照本节对显示仪表的要求进行校准。其检测、传感、转换等性能的试验和校准，包括对试验用标准样品的要求，均应符合产品技术文件和设计文件的规定。

14）单元组合仪表、组装式仪表等应对各单元分别进行试验和校准，其性能要求和准确度应符合产品技术文件的规定。

15）控制仪表的显示部分应按照本节对显示仪表的要求进行校准，仪表的控制点误差，比例、积分、微分作用，信号处理及各项控制、操作性能，均应按照产品技术文件的规定和设计文件要求进行检查、试验、校准和调整，并进行有关组态模式设置和调节参数预整定。

16）控制阀和执行机构的试验应符合下列要求：

① 阀体压力试验和阀座密封试验等项目，可对制造厂出具的产品合格证明和试验报告进行验证，对事故切断阀应进行阀座密封试验，其结果应符合产品技术文件的规定；

② 膜头、缸体泄漏性试验合格，行程试验合格；

③ 事故切断阀和设计规定了全行程时间的阀门，必须进行全行程时间试验；

④ 执行机构在试验时应调整到设计文件规定的工作状态。

17）单台仪表校准和试验合格后，应及时填写校准和试验记录；仪表上应有合格标志和位号标志；仪表需加封印和漆封的部位应加封印和漆封。

3. 仪表电源设备的试验

1）电源设备的带电部分与金属外壳之间的绝缘电阻，用 500V 绝缘电阻表测量时不应小于 5MΩ。当产品说明书另有规定时，应符合其规定。

2）电源的整流和稳压性能试验，应符合产品技术文件的规定。

3）不间断电源应进行自动切换性能试验，切换时间和切换电压值应符合产品技术文件的规定。

4. 综合控制系统的试验

1）综合控制系统应在回路试验和系统试验前对装置本身进行试验。

2）综合控制系统的试验应在本系统安装完毕，供电、照明、空调等有关设施均已投入运行的条件下进行。

3）综合控制系统的硬件试验项目：

① 盘柜和仪表装置的绝缘电阻测量；

② 接地系统检查和接地电阻测量；

③ 电源设备和电源插卡各种输出电压的测量和调整；

④ 系统中全部设备和全部插卡的通电状态检查；

⑤ 系统中单独的显示、记录、控制、报警等仪表设备的单台校准和试验；

⑥ 通过直接信号显示和软件诊断程序对装置内的插卡、控制和通信设备、操作站、计算机及其外部设备等进行状态检查；

⑦ 输入、输出插卡的校准和试验。

4）综合控制系统的软件试验项目：

① 系统显示、处理、操作、控制、报警、诊断、通信、冗余、打印、复制等基本功能的检查试验；

② 控制方案、控制和联锁程序的检查。

5）综合控制系统的试验可按产品的技术文件和设计文件的规定安排进行。

5. 回路试验和系统试验

1）回路试验应在系统投入运行前进行，试验前应具备下列条件：

① 回路中的仪表设备、装置和仪表线路、仪表管道安装完毕；

② 组成回路的各仪表的单台试验和校准已经完成；

③ 仪表配线和配管经检查确认正确完整，配件附件齐全；

④ 回路的电源、气源和液压源已能正常供给并符合仪表运行的要求。

2）回路试验应根据现场情况和回路的复杂程度，按回路位号和信号类型合理安排。回路试验应做好试验记录。

3）综合控制系统可先在控制室内以与就地线路相连的输入输出端为界进行回路试验，然后再与就地仪表连接进行整个回路的试验。

4）检测回路的试验：

① 在检测回路的信号输入端输入模拟被测变量的标准信号，回路的显示仪表部分的示值误差，不应超过回路内各单台仪表允许基本误差平方和的平方根值。

② 温度检测回路可在检测元件的输出端向回路输入电阻值或 mV 值模拟信号。

③ 现场不具备模拟被测变量信号的回路，应在其可模拟输入信号的最前端输入信号进行回路试验。

5）控制回路的试验：

① 控制器和执行器的作用方向应符合设计规定。

② 通过控制器或操作站的输出向执行器发送控制信号，检查执行器执行机构的全行程动作方向和位置应正确，执行器带有定位器时应同时试验。

③ 当控制器或操作站上有执行器的开度和起点、终点信号显示时，应同时进行检查和试验。

6）报警系统的试验：

① 系统中有报警信号的仪表设备，如各种检测报警开关、仪表的报警输出部件和接点，应根据设计文件规定的设定值进行整定。整定值应由工艺技术人员提供。

② 在报警回路的信号发生端模拟输入信号，检查报警灯光、音响和屏幕显示应正确。报警点整定后宜在调整器件上加封记。

③ 报警的消音、复位和记录功能应正确。

7）程序控制系统和联锁系统：

① 程序控制系统和联锁系统有关装置的硬件和软件功能试验已经完成，系统相关的回路试验已经完成。

② 系统中的各有关仪表和部件的动作设定值，应根据设计文件规定或工艺技术人员提供的数据进行整定。

③ 联锁点多、程序复杂的系统，可分项和分段进行试验后，再进行整体检查试验。

④ 程序控制系统的试验应按程序设计的步骤逐步检查试验，其条件判定、逻辑关系、动作时间和输出状态等均应符合设计文件规定。

⑤ 在进行系统功能试验时，可采用已试验整定合格的仪表和检测报警开关的报警输出接点直接发出模拟条件信号。

⑥ 系统试验中应与相关的专业配合，共同确认程序运行和联锁保护条件及功能的正确性，并对试验过程中相关设备和装置的运行状态和安全防护采取必要措施。

七、高压开关柜的制作要点

高压开关柜的类型有很多，主要有 KGN 系列铠装固定式户内交流金属封闭开关柜、KYN 系列铠装移开式户内金属封闭开关柜、XGW 系列箱型固定式户外交流金属封闭开关柜、HXGN 系列箱型固定式户内交流金属封闭开关柜、XYN 系列箱型移开式户内交流金属封闭开关柜、JYN 系列间隔移开式户内交流金属封闭开关柜、YB 系列和 YBM 系列高压/低压预装式变电站等。

　　高压开关柜的制作工艺程序基本与低压开关柜相同，不同的是由于电压等级的增加，在制作工艺、程序、人员技术能力、装备能力及精度、管理机制和人员等方面都有更高的要求，特别是对其设备、元件、材料的质量、测试及试验，成品测试及试验则是制作加工的重中之重，这里着重讲述高压开关柜的制作要点。

　　1. KGN5-12 型铠装固定式户内交流金属封闭开关柜

　　主要技术参数见表 3-43，一次主接线见表 3-44。

表 3-43　KGN5-12 型铠装固定式户内交流金属封闭开关柜主要技术参数

项　目	单位	参　数	项　目		单位	参　数
额定频率	Hz	50	额定开断电流		kA	31.5
额定电压	kV	10	1min 工频耐受电压	对地	kV	42
额定电流	A	630/2000		隔离断口间		48
额定主母线电流	A	3150	雷电冲击耐受电压	对地	kV	75
额定热稳定电流	kA	31.5		隔离断口间		85
额定动稳定电流(峰值)	kA	80	外形尺寸		mm	2600×1100×1200、2200×1100×1500
额定热稳定时间	s	4				

表 3-44　KGN5-12 型铠装固定式户内交流金属封闭开关柜一次主接线

（续）

编号	75	94	95	101	115	116	117
一次线路图				6个回路			

编号	118	119	120	121	122
一次线路图					

注：额定电压为 3.6kV、7.2kV、12kV。

　　KGN5-12 型开关柜被接地金属隔板分为互相隔离的上（主母线和母线侧隔离开关）、中（真空断路器）、下（线路侧隔离开关）隔室，结构简单。

　　该柜可配用真空断路器和操动机构一体的 ZN12、ZN28E 等断路器，也可配用分体式真空断路器，配用分体式断路器时可选用 CT8、CT17、CT19、CD10 等操动机构。

　　具有可靠的机构闭锁装置（五防装置）：断路器与隔离开关之间设有机械联锁，防止带负载分、合隔离开关；上、下门与隔离开关操动机构之间设有机械联锁，防止误入带电间隔；断路器操作手柄装有红、绿翻牌，防止误分、误合断路器；下门内设有接地装置，防止带电挂接地线，同时防止带接地线合开关。其外形示意如图 3-83 所示。

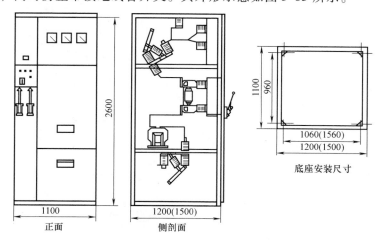

图 3-83　KGN5-12 型铠装固定式户内交流金属封闭开关柜外形示意图

2. KYN9-12 型铠装移开式户内交流金属封闭开关柜

　　主要技术参数见表 3-45，一次主接线见表 3-46。

表 3-45　KYN9-12 型铠装移开式户内交流金属封闭开关柜主要技术参数

项 目	单位	参数	项 目		单位	参数
额定电压	kV	12	额定峰值耐受电流		kA	80、100
额定电流	A	1250、3000	额定绝缘水平	1min 工频耐受电压 断口间	kV	48
额定短路开断电流	kA	31.5、40		相间、相对地		42
4s 额定短时耐受电流	kA	31.5、40		冲击耐受电压 断口间	kV	85
额定短路关合电流(峰值)	kA	80、100		相间、相对的		75
			真空断路器的机械寿命		次	10000

　　KYN9-12 型开关柜结构采用钢板弯制焊接而成，由固定的柜体和可移开部件两部分组成。柜体用接地的金属板分隔成手车室、母线室、电缆室和继电仪表室，制成金属封闭铠装式开关设备，整柜具有 IP3X 的防护等级。

　　开关架用钢板弯制而成，底部有轮子，其上装有接地触头、导向装置、脚踏锁定装置、蜗轮蜗杆推进机构，进出省力方便。

　　开关柜可采用 ZN27 及 ZN28 两系列的真空断路器，操动机构可为直流电磁及弹簧操动机构。

　　柜内采用空气绝缘，不设任何绝缘隔板，相间、相对地空气绝缘距离大于 125mm，柜内有机绝缘件爬距大于 240mm，使手车柜满足全工况的绝缘要求。其外形结构示意如图3-84所示。

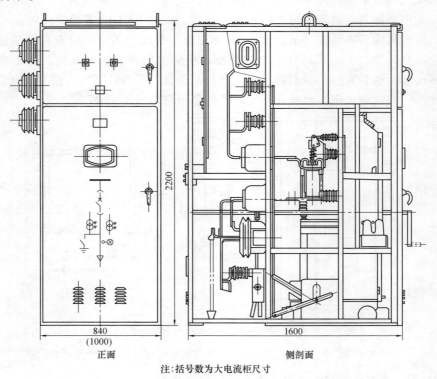

正面　　　　　　　　侧剖面

注:括号数为大电流柜尺寸

图 3-84　KYN9-12 型铠装移开式户内交流金属封闭开关柜外形示意图

表 3-46　KYN9-12 型铠装移开式户内交流金属封闭开关柜一次主接线

编号	01	02	03	05	06	07	09
一次线路图							

编号	10	11	13	14	15	17	18
一次线路图							

编号	19	20	21	23	24	25	27
一次线路图							

编号	28	29	30	31	33、34	35	36
一次线路图							

编号	37	38	39	40	41	42	43
一次线路图							

编号	44	45	46	47	48	51	53 ~ 56
一次线路图							

3. HXGN2-12 型箱式固定户内交流金属封闭开关柜（环网柜）

主要技术参数见表 3-47，一次主接线见表 3-48。

表 3-47　HXGN2-12 型箱式固定户内交流金属封闭开关柜主要技术参数

项　　目		单位	负荷开关柜	负荷开关熔断器柜
额定电压		kV	10	10
额定电压		kV	12	12
额定频率		Hz	50	50
额定电流	主母线	A	630	630
	负荷开关	A	630	630
熔断器最大额定电流		A		100（125）
额定短路 2s 耐受电流		kA	20	取决于熔断器
额定峰值耐受电流		kA	50	取决于熔断器
额定短路关合电流		kA	50	取决于熔断器
额定开断电流	有功负载电流	A	630	630
	闭环回路电流	A	630	630
	空载变压器	kVA		1250
	电缆充电电流	A	25	25
最大开断电流 ≤		A	5000（10000）	5000（10000）
额定开断转移电流或交接电流		A		2000
额定短路开断电流		kA		31.5
工频耐受电压　相间及对地/断口		kV	42/48	42/48
雷电冲击耐受电压　相间及对地/断口		kV	75/85	75/85
保护等级			IP2X	IP2X

表 3-48　HXGN2-12 环网柜一次主接线

（续）

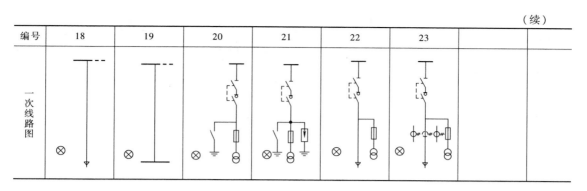

编号	18	19	20	21	22	23	
一次线路图							

HXGN2-12 型环网柜是具有三工位的高压开关设备，即隔离、关合、接地。隔离开关与接地开关具有目视可见的断口，负荷开关是上下直动式，真空负荷开关与隔离开关具有自动联动的功能，即真空负荷开关分断后隔离开关自动断开，以形成可见断口，当负荷开关合闸时，隔离开关自动先行闭合。负荷开关与接地开关具有严格的机械联锁及电气联锁，在结构上保证了两者不可能出现误动作，亦即负荷开关处于合闸位置时，接地开关不可能进行合闸操作，只有负荷开关分断后方可进行合闸操作。反之，当接地开关处于闭合位置时，负荷开关不能合闸。隔离、负荷、接地开关具有相同的动热稳定倍数。其外形示意如图3-85所示。

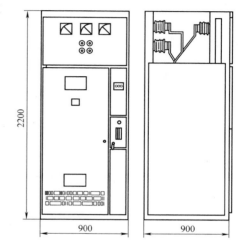

图 3-85　HXGN2-12 型环网柜外形示意图

4. XYN2-6 型箱式移开户内交流金属封闭开关柜

主要技术参数见表 3-49，一次接线见表 3-50。

表 3-49　XYN2-6 型箱式移开户内交流金属封闭开关柜主要技术参数

项目		单位	参数		项目		单位	参数	
额定电压		kV	3.6	7.2	4s 热稳定电流	主母线	kA	50	40
额定电流	主母线	A	1250~3150			（F-C）回路		4	
	（F-C）回路		224		动稳定电流	主母线	kA	100	100
预期极限开断电流		kV	50	40		（F-C）回路		40	
冲击耐受电压		kV	40	60	机械寿命（带闭锁/不带闭锁）		万次	1/25	
工频耐受电压		kV	25	30					

XYN2-6 型开关柜柜体由优质钢板弯制成形后经焊接组合。外表经静电喷漆，美观耐用。柜内分为母线室、手车室、继电器和电缆室，并设有通气道。每个柜内装置两台手车，可分别抽出和投入运行。其外形示意如图3-86所示。

5. JYN7-12 型间隔移开式户内交流金属封闭开关柜

主要技术参数见表 3-51，一次主接线见表 3-52，具有防火灾、无爆炸、无噪声、操作过电压低、维修周期长等特点，用于 3~10kV 母线系统作为接受和分配电能之用。

表 3-50 XYN2-6 型箱式移开户内交流金属封闭开关柜一次接线

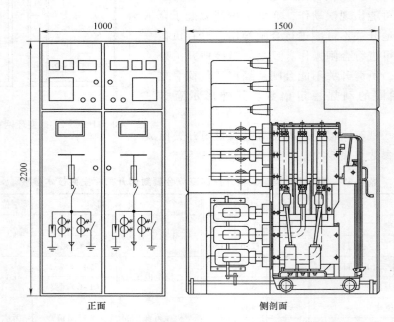

编号	01	02	03	04	05	06	07	08	09	10
一次线路图										

编号	11	12	13	14	15	16	17	18	19	20
一次线路图										

图 3-86 XYN2-6 型箱式移开户内交流金属封闭开关柜外形示意图

  JYN7-12 型开关柜外壳用钢板或绝缘板分隔成手车室、母线室、电缆室和低压室四个部分，制成金属封闭间隔式开关设备。外壳防护等级为 IP3X，当手车处于试验或隔离位置时外壳防护等级为 IP2X。

  开关柜的结构用 2.5mm 厚钢板弯制后用螺栓组装而成标准型开关柜。整个柜由固定的外壳和装有滚轮的可移开部件（以下简称手车）两部分组成。①开关柜的宽度尺寸变化有额定电流≤1250A 时宽度为 800mm；额定电流 1600～2500A 时宽度为 1000mm。②带有增大

表 3-51　JYN7-12 型间隔移开式户内交流金属封闭开关柜主要技术参数

项目			单位	参数								
额定电流			kV	3.6、7.2、12								
额定电流	HB 型断路器		A	1250	1600	2000	2500	1250	1600	2000	2500	3150
	BA/BB 型 开关型 BA/BB	标准型		630、1250	1600	2000	2500	1250	1600	2000	2500	
		防虫类型		630、1250	1000	2000	2500	1250	1600	2000		
		防弧型		630、1250	1000	2000	2500	1250	1000	2000		
	母线			1250 ~ 3150								
额定短路开断电流	$U \leqslant 10kV$		kA					43.5			50/7.2	
	$U = 12kV$			25				40				
关合电流(峰值)	$U \leqslant 10kV$		kA	73				110			128	
	$U = 12kV$			63				100				
动稳定电流(峰值)			kA	80				110			128/7.2	
热稳定电流/时间			kA/s	25/2				43.5/2			50/1	
一次母线动稳定电流(峰值)			kA	80				110			125	

表 3-52　JYN7-12 型间隔移开式户内交流金属封闭开关柜一次主接线

编号	01	02	03	04	05	06	07	08
一次线路图								

编号	09	10	11	12	13	14	15	16
一次线路图								

编号	17	18	19	20	21	22	接地手车 I	接地手车 II
一次线路图								

的低压室的开关柜高度为2200mm。开关柜的深度还可有下列变化：1120mm为标准型开关柜，1200mm用于防虫害型开关柜其设计类似于标准开关柜，但向前伸延80mm并用门锁住；1270/1350mm、1570/1650mm，标准型开关柜的后部向后扩展150mm、450mm，为母线室和电缆室提供更多的安装空间；1920～2000mm，标准型开关柜的后部向后扩展800mm作为连线计量柜用，也可作为安装较大的设备（如变压器）。其外形示意如图3-87所示。

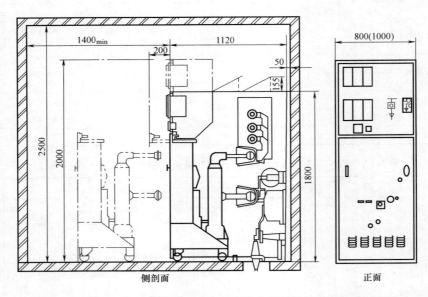

图3-87　JYN7-12型间隔移开式户内交流金属封闭开关柜外形示意图

6. YBM（P）23-12/0.4型高压/低压预装式变电所

主要技术参数见表3-53，一次主接线见表3-54。用于一般的工业园区、民居小区及商贸集中区域，其中干式变压器是H级绝缘产品。

表3-53　YBM（P）23-12/0.4型高压/低压预装式变电所主要技术参数

	项　目	单位	参数			项　目	单位	参数
高压单元	额定频率	Hz	50		低压单元	额定电压	V	380/220
	额定电压	kV	7.2	12		主回路额定电流	A	100～5000
	工频耐受电压（对地和相间/隔离断口）	kV	32/36	42/48		额定短时耐受电流	kA	15、30
						额定峰值耐受电流	kA	30、63
						支路电流	A	10～800
	雷电冲击耐受电压（对地和相间/隔离断口）	kV	60/70	75/85		分支回路数	路	1～12
						补偿容量	kvar	50～2000
	额定电流	A	400、630		变压器单元	额定容量	kVA	30～1600
	额定短时耐受电流（2s）	kA	12.5、16			阻抗电压	%	4
						分接范围	%	±2.5
	额定峰值耐受电流	kA	31.5、40			联结组标号		Yyn0

表 3-54　YBM（P）23-12/0.4 型高压/低压预装式变电所一次主接线

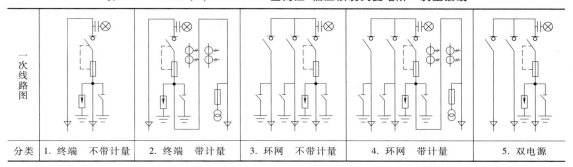

一次线路图					
分类	1. 终端　不带计量	2. 终端　带计量	3. 环网　不带计量	4. 环网　带计量	5. 双电源

　　YBM（P）23-12/0.4 型高压/低压预装式变电所采用目字形或品字形布局，按要求安装三相或单相变压器，高压环网柜可选用真空、压气式或 SF$_6$ 负荷开关，低压侧可选用塑壳式断路器或万能断路器出线。整体系钢板冲压而成，由绝缘板分隔设备空间，主要用于 7.2 ~ 12kV 的环网系统和一般树干及放射系统，可取代传统的户内、外变电所。其外形示意如图 3-88 和图 3-89 所示。

设计序号	电器配置范围
	6kV、10kV 高压系统
606 YBP23A	变压器型号：SC8、SC9、SH11、S9-M、S8-M、S8、S9 容量：100 ~ 500kVA 高压方案：1□ ~ 5□高压柜型：VE1、XGN24、KYN28、KYN44 等 低压方案：1□ ~ 4□低压柜型：PGL、GGD、XL-21

图 3-88　YBM（P）23-12/0.4 型高压/低压型预装式变电所品字型布置示意图

八、控制柜、开关柜：电气设备防护等级

控制柜、开关柜、仪表柜作为电气工程、自动化工程中重要的装置，必须适应并符合安装使用的环境条件。因此，在制作的全过程中，从柜体外形制作及防护、开关元件材料及仪表选择、母线配置、二次回路装配、整机测试及试验等环节上看必须遵守相应的特殊规定。

（一）电气设备防护等级

1. IP 代码的配置

不要求规定特征数字时，由字母"X"代替（如果两个字母都省略则用"XX"表示。

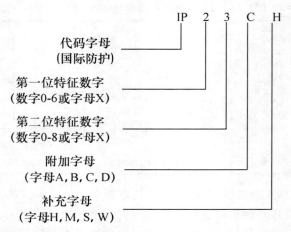

附加字母和（或）补充字母可省略，不需代替。

当使用一个以上的补充字母时，应按字母顺序排列。

当外壳采用不同安装方式提供不同的防护等级时，制造厂应在相应安装方式的说明书上表明该防护等级。

2．IP代码的各要素及含义

IP代码各要素的简要说明见表3-55。

表3-55　IP代码各要素的简要说明

组　　成	数字或字母	对设备防护的含义	对人员防护的含义
代码字母	IP	—	—
第一位 特征数字	0 1 2 3 4 5 6	防止固体异物进入 无防护 ≥直径 50mm ≥直径 12.5mm ≥直径 2.5mm ≥直径 1.0mm 防　尘 尘　密	防止接近危险部件 无防护 手　背 手　指 工　具 金属线 金属线 金属线
第二位 特征数字	0 1 2 3 4 5 6 7 8	防止进水造成有害影响 无防护 垂直滴水 15°滴水 淋　水 溅　水 喷　水 猛烈喷水 短时间浸水 连续浸水	—
附加字母 （可选择）	A B C D	—	防止接近危险部件 手　背 手　指 工　具 金属线

（续）

组　　成	数字或字母	对设备防护的含义	对人员防护的含义
代码字母	IP	—	—
补充字母 （可选择）	H M S W	专门补充的信息 高压设备 做防水试验时试样运行 做防水试验时试样静止 气候条件	—

3．IP 代码应用举例

以下是 IP 代码的应用及字母配置示例。

IP44——无附加字母，无可选字母。

IPX5——省略第一位特征数字。

IP2X——省略第二位特征数字。

IP20C——使用附加字母。

IPXXC——省略两位特征数字，使用附加字母。

IPX1C——省略第一位特征数字，使用附加字母。

IP3XD——省略第二位特征数字，使用附加字母。

IP23S——使用补充字母。

IP21CM——使用附加字母和补充字母。

IPX5/IPX7——针对不同的作用，给出防喷水和防短时间浸水的两种不同防护等级。

（二）第一位特征数字表示的防止接近危险部件和防止固体异物进入的防护等级

标识第一位特征数字表示对接近危险部件的防护和对固体异物进入的防护两个条件都能满足。

第一位特征数字意指：

——外壳通过防止人体的一部分或人手持物体接近危险部件对人提供防护，同时

——外壳通过防止固体异物进入设备对设备提供防护。

当外壳也符合低于某一防护等级的所有各级时，应仅以该数字标识这一个等级。

如果试验明显地适用于任一较低防护等级时，则低于该等级的试验不必进行。

1．对接近危险部件的防护

表 3-56 给出对接近危险部件的防护等级的简短说明和含义。

表中仅由第一位特征数字规定防护等级，简要说明和含义不作为防护等级的规定。

根据第一位特征数字的规定，试具与危险部件之间应保持足够的间隙。

表 3-56　第一位特征数字所表示的对接近危险部件的防护等级

第一位 特征数字	防　护　等　级	
	简要说明	含　　义
0	无防护	—
1	防止手背接近危险部件	直径 50mm 球形试具应与危险部件有足够的间隙
2	防止手指接近危险部件	直径 12mm，长 80mm 的铰接试指与危险部件有足够的间隙

（续）

第一位 特征数字	防 护 等 级	
	简要说明	含　　义
3	防止工具接近危险部件	直径 2.5mm 的试具不得进入壳内
4	防止金属线接近危险部件	直径 1.0mm 的试具不得进入壳内
5	防止金属线接近危险部件	直径 1.0mm 的试具不得进入壳内
6	防止金属线接近危险部件	直径 1.0mm 的试具不得进入壳内

　　注：对于第一位特征数字为 3、4、5 和 6 的情况，如果试具与壳内危险部件保持足够的间隙，则认为符合要求。
足够的间隙应由产品标准根据有关标准要求规定。
　　由于同时满足表 3-57 的规定，所以本表规定"不得进入"。

2．对固体异物进入的防护

表 3-57 给出对防止固体异物（包括灰尘）进入的防护等级的简短说明和含义。

表 3-57　第一位特征数字所表示的防止固体异物进入的防护等级

第一位 特征数字	防 护 等 级	
	简要说明	含　　义
0	无防护	—
1	防止直径不小于 50mm 的固体异物	直径 50mm 球形物体试具不得完全进入壳内[①]
2	防止直径不小于 12.5mm 的固体异物	直径 12.5mm 的球形物体试具不得完全进入壳内[①]
3	防止直径不小于 2.5mm 的固体异物	直径 2.5mm 的物体试具完全不得进入壳内[①]
4	防止直径不小于 1.0mm 的固体异物	直径 1.0mm 的物体试具完全不得进入壳内[①]
5	防　尘	不能完全防止尘埃进入，但进入的灰尘量不得影响设备的正常运行，不得影响安全
6	尘　密	无灰尘进入

[①]　物体试具的直径部分不得进入外壳的开口。

　　　　表中仅由第一位特征数字规定防护等级，简要说明和含义不作为防护等级的规定。
　　防止固体异物进入，当表 3-57 中第一位特征数字为 1 或 2 时，指物体试具不得完全进入外壳，意即球的整个直径不得通过外壳开口。第一位特征数字为 3 或 4 时，物体试具完全不得进入外壳。
　　数字为 5 的防尘外壳，允许在某些规定条件下进入数量有限的灰尘。
　　数字为 6 的尘密外壳，不允许任何灰尘进入。
　　注：第一位特征数字为 1 至 4 的外壳应能防止三个互相垂直的尺寸都超过表 3 第三栏相应数字、形状规则或不规则的固体异物进入外壳。

（三）第二位特征数字所表示的防止水进入的防护等级

第二位特征数字表示外壳防止由于进水而对设备造成有害影响的防护等级。
试验用清水进行。试验前不得用高压水和（或）使用溶剂清洗试样。
表 3-58 给出了第二位特征数字所代表的防护等级的简要说明和含义。简要说明和含义不作为防护等级的规定。

表 3-58　第二位特征数字所表示的防止水进入的防护等级

第二位 特征数字	防　护　等　级	
	简要说明	含　义
0	无防护	—
1	防止垂直方向滴水	垂直方向滴水应无有害影响
2	防止当外壳在15°范围内倾斜时垂直方向滴水	当外壳的各垂直面在15°范围内倾斜时，垂直滴水应无有害影响
3	防淋水	各垂直面在60°范围内淋水，无有害影响
4	防溅水	向外壳各方向溅水无有害影响
5	防喷水	向外壳各方向喷水无有害影响
6	防强烈喷水	向外壳各个方向强烈喷水无有害影响
7	防短时间浸水影响	浸入规定压力的水中经规定时间后外壳进水量不致达有害程度
8	防持续潜水影响	按生产厂和用户双方同意的条件（应比特征数字为7时严酷）持续潜水后外壳进水量不致达有害程度

　　第二位特征数字为6及低于6的各级，其标识的等级也表示符合低于该级的各级要求。因此，如果试验明显地适用于任一低于该级的所有各级，则低于该级的试验不必进行。

　　仅标志第二位特征数字为7或8的外壳仅适用于短时间浸水或连续浸水，不适合喷水（第二位特征数字标识为5或6），因此不必符合数字为5或6的要求，除非有表3-59所示的双标志。

表 3-59　双标志

外壳通过如下试验		标识和标志	应用范围
喷　水 第二位特征数字	短时/持续潜水 第二位特征数字		
5	7	IPX5/IPX7	多用
6	7	IPX6/IPX7	多用
5	8	IPX5/IPX8	多用
6	8	IPX6/IPX8	多用
—	7	IPX7	受限
—	8	IPX8	受限

　　注："多用"指外壳必须满足可防喷水又能短时或持续潜水的要求。
　　　　"受限"指外壳仅仅对短时或持续潜水适合，而对喷水不适合。

（四）附加字母所表示的防止接近危险部件的防护等级

　　附加字母表示对人接近危险部件的防护等级，附加字母仅用于：
　　——接近危险部件的实际防护高于第一位特征数字代表的防护等级；
　　——第一位特征数字用"X"代替，仅需表示对接近危险部件的防护等级。
　　例如，这类较高等级的防护是由挡板、开口的适当形状或与壳内部件的距离来达到的。
　　表3-60列出了能方便地代表人体的一部分或人手持物体以及对接近危险部件的防护等级的含义等内容，这些内容均由附加字母表示。

表 3-60　附加字母所表示的对接近危险部件的防护等级

附加字母	防 护 等 级	
	简要说明	含 义
A	防止手背接近	直径 50mm 的球形试具与危险部件必须保持足够的间隙
B	防止手指接近	直径 12mm，长 80mm 的铰接试指与危险部件必须保持足够的间隙
C	防止工具接近	直径 2.5mm，长 100mm 的试具与危险部件必须保持足够的间隙
D	防止金属线接近	直径 1.0mm，长 100mm 的试具与危险部件必须保持足够的间隙

如果外壳适用于低于某一等级的各级，则仅要求用该附加字母标识该等级。如果试验明显地适用于任何低于该级的所有各级，则低于该等级的试验不必进行。

（五）补充字母

在有关产品标准中，可由补充字母表示补充的内容。补充字母放在第二位特征数字或附加字母之后。

补充的内容应与本标准的要求保持一致，产品标准应明确说明进行该级试验的补充要求。

补充内容的标识字母及含义见表 3-61。

表 3-61　补充内容的标识字母及含义

字 母	含 义
H	高压设备
M	防水试验在设备的可动部件（如旋转电机的转子）运动时进行
S	防水试验在设备的可动部件（如旋转电机的转子）静止时进行
W	提供附加防护或处理以适用于规定的气候条件

注：GB4208—2008 规定 W 置于 IP 与特征数字之间与本版规定的 W 置于特征数字或附加字母之后含义相同。

其他字母可在产品标准中使用。为了避免重复使用补充字母，产品标准引用新字母的要求见 B.8。

若无字母 S 和 M，则表示防护等级与设备部件是否运行无关，需要在设备运行和静止时都做试验。但如果试验在另一条件下明显地可以通过时，一般做一个条件的试验就足够了。

（六）IP 代码的标识示例

1. 未使用可选择字母的 IP 代码

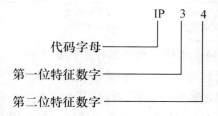

外壳带有上述 IP 代码，其中：

3——防止人手持直径不小于 2.5mm 的工具接近危险部件；

　防止直径不小于 2.5mm 的固体异物进入设备外壳内。

4——防止由于在外壳各个方向溅水对设备造成有害影响。

2．使用可选择字母的 IP 代码

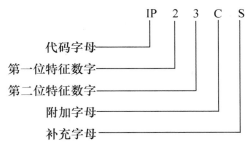

外壳带有上述 IP 代码，其中；

2——防止人用手指接近危险部件；

　——防止直径不小于 12.5mm 的固体异物进入外壳内。

3 防止淋水对外壳内设备的有害影响。

C——防止人手持直径不小于 2.5mm 长度不超过 100mm 的工具接近危险部件（工具应全部穿过外壳，直至挡盘）。

S——防止进水造成有害影响的试验是在所有设备部件静止时进行。

（七）常用的几种防护等级

在控制柜、开关柜制作时要按其功能进行分类，并按其分类等级进行制作并确保达到分类等级的要求，常用的几种防护等级见表 3-62。

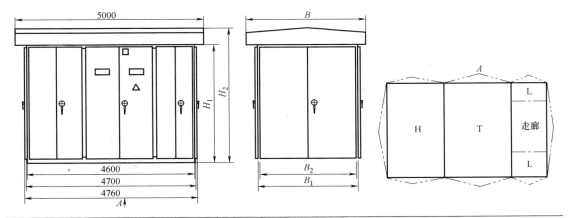

设计序号	主要尺寸/mm		电器配置范围
	外形	安装	6kV、10kV 高压系统
603 YBM23C	$B=2600$ $B_1=2200$ $H_1=2675$ $H_2=2170$	$B_2=2100$	变压器型号：SC8、SC9、SH11、S9-M、S8-M、S8、S9 容量：500~1000kVA 高压方案：1□~5□高压柜型：VE1、XGN24、KYN28、KYN44 等 低压方案：1□~4□低压柜型：PGL、GGD、XL-21、GCK、GCL
604 YBM23E	$B=2800$ $B_1=2400$ $H_1=2500$ $H_2=2190$	$B_2=2300$	变压器型号：SC8、SC9、SH11、S9-M、S8-M、S8、S9 容量：500~1000kVA 高压方案：1□~4□高压柜型：VE1、XGN24、KYN28、KYN44 等 低压方案：1□~4□低压柜型：PGL、GGD、XL-21、GCK、GCL、BFC

图 3-89　YBM（P）23-12/0.4 型高压/低压型预装式变电所目字形布置示意图（低压走廊式）

表 3-62　防护等级

防护等级	防止固体异物进入	防止接近危险部件
IP1XB	直径 50mm 及以上的物体	防止手指接近(直径 12mm、长 80mm 的试指)
IP2X	直径 12.5mm 及以上的物体	防止手指接近(直径 12mm、长 80mm 的试指)
IP2XC	直径 12.5mm 及以上的物体	防止工具接近(直径 2.5mm、长 100mm 的试棒)
IP2XD	直径 12.5mm 及以上的物体	防止导线接近(直径 1.0mm、长 100mm 的试验导线)
IP3X	直径 2.5mm 及以上的物体	防止工具接近(直径 2.5mm、长 100mm 的试棒)
IP3XD	直径 2.5mm 及以上的物体	防止导线接近(直径 1.0mm、长 100mm 的试验导线)
IP4X	直径 1.0mm 及以上的物体	防止导线接近(直径 1.0mm、长 100mm 的试验导线)
IP5X	尘埃 不能完全防止尘埃进入,但尘埃的进入量和位置不得影响设备的正常运行或危及安全	防止导线接近(直径 1.0mm、长 100mm 的试验导线)

九、控制框、开关框:爆炸和火灾环境电气设备特殊规定

爆炸和火灾环境是指具有爆炸性气体或可能出现爆炸性气体、具有爆炸性粉尘或可能出现爆炸性粉尘及火灾危险环境或可能出现火灾危险环境(温度、可燃物具备条件时)三种特殊环境。为了保证这些环境电气设备的正常使用及运行,控制柜和开关柜在制作中必须遵守相关规定,以确保特殊环境的安全。

1. 爆炸和火灾环境危险区域的分区

(1) 爆炸性气体环境　应根据爆炸性气体混合物出现的频繁程度和持续时间分为 3 个区:

1) 0 区:连续出现或长期出现爆炸性气体混合物的环境;

2) 1 区:在正常运行时可能出现爆炸性气体混合物的环境;

3) 2 区:在正常运行时不可能出现爆炸性气体混合物的环境,或即使出现也仅是短时间存在的爆炸性气体混合物的环境。

其中,正常运行是指正常的开车、运转、停车,易燃物质产品的装卸,密闭容器盖的开闭,安全阀、排放阀以及所有工厂设备都在其设计参数范围内工作的状态。

(2) 爆炸性粉尘环境　应根据爆炸性粉尘混合物出现的频繁程度和持续时间分为 2 个区:

1) 10 区:连续出现或长期出现爆炸性粉尘的环境;

2) 11 区:有时会将积留下的粉尘扬起而偶然出现爆炸性粉尘混合物的环境。

(3) 火灾危险环境　应根据火灾事故发生的可能性和后果,以及危险程度及物质状态的不同分为 3 个区:

1) 21 区:具有闪点高于环境温度的可燃液体,在数量和配置上能引起火灾危险的环境。

2) 22 区:具有悬浮状、堆积状的可燃粉尘或可燃纤维,虽不可能形成爆炸混合物,但在数量和配置上能引起火灾危险的环境。

3) 23 区:具有固体状可燃物质,在数量和配置上能引起火灾危险的环境。

这里要说明一点,上述爆炸和火灾危险区域的分区是我国现行的并按国际 IEC 标准进行

的，便于与国际标准接轨，与我国原有旧标准的分级有着明显的不同，从定义上讲，它们的对应关系如下：

0 区──→Q-1 级　　11 区──→G-2 级

1 区──→Q-2 级　　21 区──→H-1 级

2 区──→Q-3 级　　22 区──→H-2 级

10 区──→G-1 级　　23 区──→H-3 级

因此，对于爆炸和火灾环境的电气设备在制造、选型、安装上国家都有相关规定，这里统称为防爆电气设备。

2. 防爆电气设备的类型和标志

1）防爆电气设备的类型见表 3-63。防爆电气设备一般分 8 种型式及其相互组合的复合型式。防爆的型式分两大类：Ⅰ类为煤矿用；Ⅱ类为工厂用。Ⅱ类工厂用防爆电气设备按其适用于爆炸性气体混合物的最大试验安全间隙或最小点燃电流比分 A、B、C 三级，并按其最高表面引燃温度分为 6 个组。这些型式、类别、级别、组别组成了防爆电气设备的防爆标志。其中，最大试验安全间隙、最小点燃电流和引燃温度都是采用 IEC 标准中的试验方法测定的。最小点燃电流比是指某爆炸气体混合物测得的最小点燃电流与甲烷爆炸性气体混合物测得的最小点燃电流的比值。这里我们要注意到，防爆电气设备的级别和组别的划分与爆炸性气体混合物的级别、组别的划分是一致的。爆炸性气体混合物的分级分组见表 3-64和表 3-65。

表 3-63　工厂防爆电气设备的型式、分级、分组

型　式					防爆电工产品的型式
防爆型式	防　爆　标　志				防爆措施的原理
	型式	类别	级别	温度组别	
隔爆型	d	Ⅰ			当外壳内部爆炸时，火焰在穿过规定缝隙的过程中，受间隙壁的吸热及阻滞作用而显著降低其外传的能量和温度，从而不能引起产品外部爆炸性气体混合物的爆炸
		Ⅱ	A、B、C	T1～T6	
增安型[①]	e	Ⅰ			在正常运行时不产生电火花、电弧或危险温度的产品部件上采取适当措施（如降温、对堵转时间要求等），以提高其安全程度
		Ⅱ		T1～T6	
本质安全型[①]	i_a、i_b[②]	Ⅰ			在低电压、小电流的电路、系统和产品中，合理选择电路参数，一般还须采取有效的限能措施，使其在正常状态下和故障状态下产生的电火花，达不到引起周围爆炸性气体混合物爆炸的最小引燃能量
		Ⅱ	A、B、C	T1～T6	
正压型[①]	p	Ⅰ			向外壳内通入正压新鲜空气或充以惰性气体，以阻止爆炸性气体混合物进入外壳内部
		Ⅱ		T1～T6	
充油型	o	Ⅰ			将可能产生电火花、电弧或危险温度的带电部件浸入油中，使其不能引起油面以上爆炸性气体混合物的爆炸
		Ⅱ		T1～T6	
充砂型	q	Ⅰ			将可能产生电火花、电弧或危险温度的带电部件埋入砂中，使其不能引起砂层以外爆炸性气体混合物的爆炸
		Ⅱ		T1～T6	
无火花型	n	Ⅱ		T1～T6	在产品部件上采取适当措施，以使其在正常运行条件下不会点燃周围爆炸性气体混合物，因此一般不会发生点燃故障（其安全水平与增安型相比，略低些）

（续）

型　式				防爆电工产品的型式	
防爆 型式	防　爆　标　志			防爆措施的原理	
	型式	类别	级别	温度组别	
浇封型	T (s)	I			结构上不属于上述防爆型式，而采取其他防爆措施（如气密、 灌封等）
		Ⅱ		T1～T6	

① 增安型相当于旧标准中的防爆安全型，本质安全型相当于旧标准中的安全火花型，正压型相当于旧标准中的防爆通风型或充气型，而在分级分组上有所修改。

② i_a 指在正常工作、一个故障和两个故障时，均不能点燃周围爆炸性气体混合物的等级。i_b 指在正常工作、一个故障时，不能点燃周围爆炸性气体混合物的等级。

表 3-64　爆炸性气体混合物按最大试验安全间隙（MESG）或最小点燃电流比（MICR）的分级

级别	最大试验安全间隙（MESG）/mm	最小点燃电流比（MICR）
ⅡA	≥0.9	>0.8
ⅡB	0.5 < MESG < 0.9	0.45 ≤ MICR ≤ 0.8
ⅡC	≤0.5	<0.45

注：1. 分级的级别应符合现行国家标准 GB3836.1—2010《爆炸性环境　第 1 部分：设备　通用要求》。

2. 最小点燃电流比（MICR）为各种易燃物质按照它们最小点燃电流值与实验室的甲烷的最小电流值之比。

表 3-65　爆炸性气体混合物按引燃温度的分组

组别	引燃温度 t/℃	设备表面最高温度/℃	组别	引燃温度 t/℃	设备表面最高温度/℃
T1	450 < t	450	T4	135 < t ≤ 200	135
T2	300 < t ≤ 450	300	T5	100 < t ≤ 135	100
T3	200 < t ≤ 300	200	T6	85 < t ≤ 100	85

注：气体或蒸气爆炸性混合物分级分组举例应符合 GB 3836.1—2010 的规定。

2）防爆电气设备的标志除铭牌上有标注外，且必须在设备本身的明显处有清晰的凸纹标志，仪器、仪表可采用非凸纹的永久性标志。

标志的组成是由表 3-66 中的型式、类别级别、组别的字母、数字按顺序标出的，如 deⅡCT6，读者可对照表 3-66 来分析这台设备的防爆性能。当无隔爆和增安部件时，则这个位置的标注用 "0" 来代替，如 d0ⅡCT6。

目前，工程中仍有标为旧标注的防爆电气设备，它们标注的方法与上述相同，只是使用的字母和数字不同，代表的意义不同。

类型标注的意义、级别、组别标注的意义见表 3-66，级别见表 3-67 的意义标注。这种标注方法，一是把设备的主体标注写在前面，部件标注写在后面，如 B3Ad、AB3d、A3d、B3d、Coe 等。新旧标注的对照见表 3-68。

表 3-66　类型、级别、组别

	类　型			
序号	类　型	标　志		
		工厂用	矿用	
1	安全型	A	KA	
2	隔爆型	B	KB	
3	充油型	C	KC	

（续）

序号	类　型	标　志	
		工厂用	矿用
4	通风、充气型	F	KF
5	安全火花型	H	KH
6	防爆特殊型	T	KT

级　别	试验最大不传爆间隙 δ/mm	级　别	试验最大不传爆间隙 δ/mm
1	$1.0 < \delta$	3	$0.4 < \delta \leqslant 0.6$
2	$0.6 < \delta \leqslant 1.0$	4	$\delta \leqslant 0.4$

组　别	爆炸性混合物的自燃温度 T/℃	组　别	爆炸性混合物的自燃温度 T/℃
a	$450 < T$		
b	$300 < T \leqslant 450$	d	$135 < T \leqslant 200$
c	$200 < T \leqslant 300$	e	$100 < T \leqslant 135$

表 3-67　级别意义标注

级　别	引燃电流/mA	级　别	引燃电流/mA
I	> 120	Ⅲ	< 70
Ⅱ	70 ~ 120		

在开关柜、控制柜制造时，电气开关设备的选型应按表 3-69 和表 3-70 进行，选型时应核对电气开关设备、开关柜、控制柜的安装环境，并与其等级相符。同时在柜内组装时则应遵守防爆电气设备安装要求。

表 3-68　防爆电气设备新旧类型标志对照表

类　型		标　志	
旧	新	旧	新
防爆安全型	增安型	A	e
隔爆型	隔爆型	B	d
防爆充油型	充油型	C	o
防爆通风、充气型	正压型	F	p
/	充砂型	/	q
	无火花型	/	n
安全火花型	本质安全型	H	i
防爆特殊型	浇封型	T	m

注：旧类型在标志前加"K"字者为煤矿用防爆电气设备。新类型标志"Ⅱ"者为工厂用防爆电气设备；标志"Ⅰ"者为煤矿用防爆电气设备。

表 3-69　爆炸危险环境电气设备选择表

电气设备种类	旋转电机						
爆炸危险区域	1　区			2　区			
电气设备 防爆结构	隔爆型 d	正压型 p	增安型 e	隔爆型 d	正压型 p	增安型 e	无火花型[2] n
笼型异步电动机	○	○	△	○	○	○	○
绕线转子异步电动机[1]	△	△	△	○	○	○	×
同步电动机[1]	○	○	×	○	○	○	○
直流电动机	△	△		○	○	○	△
电磁转差离合器（无电刷）	○	△	×	○	○	○	△

（续）

低压变压器

电气设备	1区 隔爆型d	1区 正压型p	1区 增安型e	2区 隔爆型d	2区 正压型p	2区 增安型e	2区 充油型o
变压器(包括起动用)	△	△	×	○	○	○	○
电抗线圈(包括起动用)	△	△	×	○	○	○	○
仪表用互感器	△	×	○			○	○

低压开关和控制器

电气设备	0区 本质安全型ia	0区 本质安全型ia,ib	1区 隔爆型d	1区 正压型p	1区 充油型o	1区 增安型e	2区⑤ 本质安全型ia,ib	2区⑤ 隔爆型d	2区⑤ 正压型p	2区⑤ 充油型o	2区⑤ 增安型e
刀开关、断路器			○					○			
熔断器			△					○			
控制开关及按钮	○	○	○		○			○		○	
电抗起动器和起动补偿器③			△					○			○
起动用金属电阻器			△	△		×					×
电磁阀用电磁铁			○			×					×
电磁摩擦制动器④			△			×		○			△
操作箱、柱			○	○				○	○		
控制盘			△	△				○	○		
配电盘			△					○			

灯具

电气设备	1区 隔爆型d	1区 增安型e	2区 隔爆型d	2区 增安型e
固定式灯	○	×	○	○
移动式灯	△		○	
携带式电池灯	○		○	
指示灯类	○	×	○	○
镇流器	○	△	○	○

信号、报警装置等电气设备

电气设备	0区 本质安全型ia	0区 本质安全型ia,ib	1区 隔爆型d	1区 正压型p	1区 增安型e	2区 本质安全型ia	2区 隔爆型d	2区 正压型p	2区 增安型e
信号、报警装置	○	○	○	○	×	○	○	○	○
插接装置			○				○		
接线箱(盒)			○		△		○		○
电气测量表计			○	○	×		○	○	○

注：表中符号：○为适用；△为慎用；×为不适用。

① 绕线转子异步电动机及同步电动机采用增安型时，其主体是增安型防爆结构，发生电火花的部分是隔爆或正压型

防爆结构。

② 无火花型电动机在通风不良及户内具有比空气重的易燃物质区域内慎用。

③ 电抗起动器和起动补偿器采用增安型时，是指将隔爆结构的起动运转开关操作部件与增安型防爆结构的电抗线圈或单绕组变压器组成一体的结构。

④ 电磁摩擦制动器采用隔爆型时，是指将制动片、滚筒等机械部分也装入隔爆壳体内者。

⑤ 在 2 区内电气设备采用隔爆型时，是指除隔爆型外，也包括主要有火花部分为隔爆结构而其外壳为增安型的混合结构。

表 3-70　火灾危险环境电气设备防护结构的选型

电气设备 \ 防护结构 \ 火灾危险区域		21 区	22 区	23 区
电机	固定安装	IP44	IP54	IP21
	移动式、携带式	IP54		IP54
电器和仪表	固定安装	充油型、IP54、IP44	IP54	IP44
	移动式、携带式	IP54		IP44
照明灯具	固定安装	IP2X	IP5X	IP2X
	移动式、携带式			
配电装置		IP5X		
接线盒				

注：1. 在火灾危险环境 21 区内固定安装的正常运行时有集电环等火花部件的电机，不宜采用 IP44 结构。

2. 在火灾危险环境 23 区内固定安装的正常运行时有集电环等火花部件的电机，不应采用 IP21 型结构，而应采用 IP44 型。

3. 在火灾危险环境 21 区内固定安装的正常运行时有火花部件的电器和仪表，不宜采用 IP44 型。

4. 移动式和携带式照明灯具的玻璃罩，应有金属网保护。

5. 表中防护等级的标志应符合现行国家标准中外壳防护等级分类的规定。

3. 防爆电气设备安装要求

（1）总体要求

1）防爆电气设备的类型、级别、组别、环境条件及防爆标志等，应与设计相符，并与实际安装地点的环境条件相适应，同时应满足第 5 条的要求。

2）防爆电气设备应有"EX"防爆标志和标明防爆电气设备的类型、级别、组别的标志的铭牌，并在铭牌上注明国家指定的检验单位发给的防爆合格证号。

3）防爆电气设备一般应安装在金属制作的构架上，构架应牢固，有振动的电气设备的固定螺栓应有防松装置。

4）防爆电气设备接线盒内部接线紧固后，裸露带电部分之间及与金属外壳之间的电气间隙及爬电距离，不应小于表 3-71 的规定。

5）防爆电气设备的进线口与电缆、导线能可靠地接线和密封，多余的进线口其弹性密封垫和金属垫片应齐全，并应将压紧螺母拧紧使进线口密封。金属垫片的厚度不得小于 2mm。

6）防爆电气设备外壳表面的最高温度（包括增安型和无火花型设备内部），不应超过表 3-72 的规定。

7）塑料制成的透明件或其他部件，不得采用熔剂擦洗，应采用家用洗涤剂擦洗。

8）事故排风机的按钮，应单独安装在便于操作的位置，且应有特殊标志。

表 3-71a   本质安全电路与非本质安全电路裸露导体之间的电气间隙和爬电距离

额定电压峰值/V	电气间隙/mm	胶封中的间距/mm	爬电距离/mm	绝缘涂层下的爬电距离/mm	额定电压峰值/V	电气间隙/mm	胶封中的间距/mm	爬电距离/mm	绝缘涂层下的爬电距离/mm
60	3	1	3	1	750	8	2.6	18	6
90	4	1.3	4	1.3	1000	10	3.3	25	8.3
190	6	2	8	2.6	1300	14	4.6	36	12
375	6	2	10	3.3	1550	16	5.3	40	13.3
550	6	2	15	5					

表 3-71b   增安型、无火花型电气设备不同电位的导电部件之间的最小电气间隙和爬电距离

额定电压/V	最小电气间隙/mm	最小爬电距离/mm			额定电压/V	最小电气间隙/mm	最小爬电距离/mm		
		Ⅰ	Ⅱ	Ⅲ			Ⅰ	Ⅱ	Ⅲ
12	2	2	2	2	380	8	8	10	12
24	3	3	3	3	660	10	12	16	20
36	4	4	4	4	1140	18	24	28	35
60	6	6	6	6	3000	36	45	60	75
127	6	6	7	8	6000	60	85	110	135
220	6	6	8	10	10000	100	125	150	180

注: 1. 设备的额定电压, 可高于表列数值的 10%;
    2. 装入灯座中的额定电压, 不大于 250V 的螺旋灯座灯泡, 对于 a 级绝缘材料最小爬电距离可为 3mm。
    3. 表中的 Ⅰ、Ⅱ、Ⅲ 为绝缘材料相比漏电起痕指数分级, 应符合现行国家标准《爆炸性气体环境用电气设备》的有关规定。Ⅰ级为上釉的陶瓷、云母、玻璃; Ⅱ级三聚氰胺石棉耐弧塑料、硅有机石棉耐弧塑料; Ⅲ级为聚四氟乙烯塑料、三聚氰胺玻璃纤维塑料、表面用耐弧漆处理的环氧玻璃布板。

表 3-72   防爆电气设备外壳表面的最高温度   （单位: ℃）

温度组别	T_1	T_2	T_3	T_4	T_5	T_6
最高温度	450	300	200	135	100	85

9) 灯具的种类、型号、功率, 应符合设计和产品技术条件的要求, 不得随意变更; 螺旋灯泡应拧紧, 不得松动; 灯具外罩应齐全, 螺钉应紧固。

10) 防爆电气设备的安装除应按本节中讲述的特殊要求进行外, 还应按常规电气设备要求进行安装前的测试和试验, 进行安装后的调整及试验。

（2）隔爆型电气设备的安装

1) 安装前的检查:

① 设备的型号、规格应符合设计要求, 铭牌及防爆标志应正确、清晰。

② 设备的外壳应无裂纹、损伤、锈腐。

③ 隔爆结构和间隙应符合要求。

④ 接合面的紧固螺栓应齐全、紧固, 弹簧垫圈等防松设施应齐全完好, 弹簧垫圈应压平。

⑤ 密封衬垫应齐全完好, 无老化变形, 并符合产品的技术条件要求。

⑥ 透明镜元件应光洁无损伤。

⑦ 传动部件应无碰撞和摩擦。

⑧ 接线板及绝缘件应无碎裂, 螺钉紧固, 盒盖紧固, 电气间隙及爬电距离应符合要求, 见表 3-71。

⑨ 接地标志及接地螺钉应完好、无锈蚀。

2）设备拆卸：隔爆型电气设备一般不得拆卸；如需要拆卸时，应符合下列要求：

① 应妥善保护隔爆面，不得损伤或弄脏。

② 隔爆面上不应有砂眼、机械伤痕。

③ 无电镀或磷化层的隔爆面，经清洗后应涂磷化膏、电力复合脂或204号防锈油，严禁刷漆。

④ 组装时隔爆面上不得有锈蚀层。

⑤ 隔爆接合面的紧固螺栓不得任意更换，弹簧垫圈应齐全。

⑥ 螺纹隔爆结构，其螺纹的最少啮合扣数和最小啮合深度，不得小于表3-73的规定。

表 3-73　螺纹隔爆结构螺纹的最少啮合扣数和最小啮合深度

外壳净容积 V /cm^3		螺纹最小啮合深度 /mm	螺纹最少啮合扣数	
			ⅡA、ⅡB	ⅡC
$V \leqslant 100$	5.0			
$100 < V \leqslant 2000$	9.0	6	试验安全扣数的2倍但至少为6扣	
$V > 2000$	12.5			

注：表中ⅡA、ⅡB、ⅡC的分级应符合现行国家标准《爆炸性气体环境用电气设备通用要求》的有关规定，将爆炸性气体混合物按其最大试验安全间隙或最小点燃电流比将Ⅱ类（工厂用电设备）分为A、B、C三级。

3）正常运行时产生电火花或电弧的隔爆型电气设备，其电气联锁装置必须可靠；当电源接通时壳盖不应打开，而壳盖打开后电源不应接通。用螺栓紧固的外壳应检查"断电后开盖"警示牌，并应完好。

4）隔爆型插销的检查和安装

① 插头插入时，接地或接零触头应先接通；插头拔出时，主触头应先分断。

② 开关应在插头插入后才能闭合，开关在分断位置时，插头可插入或拔出。

③ 防止骤然拔出的徐动装置应完好可靠，不得松脱。

（3）增安型、无火花型电气设备的安装

1）设备的型号、规格应符合设计要求；铭牌及防爆标志应正确、清晰。

2）设备的外壳和透明部位，应无裂纹、无机械损伤。

3）设备的紧固螺栓应有防松措施，且无松动锈蚀，接线盒盖应紧固。

4）保护装置及附件应齐全、完好。

（4）正压型电气设备的安装

1）安装前的检查：

① 设备的型号、规格应符合要求，铭牌及防爆标志应正确清晰。

② 设备的外壳及透明部位，应无裂纹、损伤。

③ 设备的紧固螺栓应有防松措施，无松动锈蚀，接线盒盖应紧固。

④ 保护装置及附件齐全、完好。

⑤ 密封衬垫应齐全完好，无老化变形，并应符合产品技术条件的要求。

2）进入通风、充气系统及电气设备内的空气或气体应清洁，不得含有爆炸性混合物及其他有害物质。

3）通风过程排出的气体，不宜排入爆炸危险环境，当排入2区时，必须采取防止电火花和炽热颗粒从电气设备及其通风系统吹出的有效措施。

4）通风、充气系统的电气联锁装置，应按先通风后供电、先停电后停风的程序正常动作。在电气设备通电起动前，外壳内的保护气体的体积不得小于产品技术条件规定的最小换气体积与 5 倍的相连管道容积之和。

5）微压继电器应装设在风压、气压最低点的出口处。运行中电气设备及通风、充气系统内的风压、气压值不应低于产品技术条件中规定的最低所需压力值。当低于规定值时，微压继电器应可靠动作动，并符合下列要求：

① 在 1 区时，应能可靠地切断电源。

② 在 2 区时，应能可靠地发出警告信号。

6）运行中的正压型电气设备内部的电火花、电弧，不应从缝隙或出风口吹出。

7）通风管道应密封良好。

（5）充油型电气设备的安装

1）安装前的检查：

① 设备型号规格应符合设计要求，铭牌及防爆标志应正确清晰。

② 设备的外壳应无裂纹、损伤、锈蚀。

③ 设备的油箱、油标不得有裂纹及渗油、漏油及其痕迹。油面应在油标线范围内。

④ 排油孔、排气孔应畅通，不得有杂物。

2）充油型电气设备应垂直安装，且应牢靠稳固，其倾斜度不应大于 5°。

3）充油型电气设备的油面最高温升，不应超过表 3-74 的规定。

表 3-74　充油型电气设备油面最高温升

温度组别	油面最高温升
T_1、T_2、T_3、T_4、T_5	60℃
T_6	40℃

（6）本质安全型电气设备的安装

1）安装前的检查：

① 设备型号、规格应符合设计要求，铭牌及防爆标志应正确、清晰。

② 设备外壳应无裂纹、损伤、锈蚀。

③ 本质安全型电气设备、关联电气设备产品铭牌的内容应有防爆标志、防爆合格证号及有关电气参数。本质安全型电气设备与关联电气设备的组合，应符合现行国家标准《爆炸性气体环境用电气设备》的有关规定。

④ 电气设备所有零部件、元器件及其线路，应连接可靠，性能良好。

2）与本质安全型电气设备配套的关联电气设备的型号，必须与本质安全型电气设备铭牌中的关联电气设备的型号相同。

3）关联电气设备中的电源变压器，应符合下列要求：

① 变压器的铁心和绕组间的屏蔽，必须有一点可靠接地。

② 直接与外部供电系统连接的电源变压器其熔断器的额定电流，不应大于变压器的额定电流。

4）独立供电的本质安全型电气设备的电池型号、规格，应符合铭牌中的规定，严禁任意改用其他型号规格的电池。

5）防爆安全栅应可靠接地，其接地电阻应符合设计和设备技术条件的要求。

6）本质安全型电气设备与关联电气设备之间的连接导线或电缆的型号规格和长度，应符合设计规定。

（7）粉尘防爆电气设备的安装

1）安装前的检查：

① 设备的防爆标志、外壳防护等级和温度组别，应与爆炸性粉尘环境相适应。

② 设备的型号规格应符合设计要求，铭牌及防爆标志应正确清晰。

③ 设备的外壳应光滑、无裂纹损伤，无锈蚀，无凹坑或沟槽，并有足够的强度。

④ 设备的紧固螺栓，应无松动、锈蚀。

⑤ 设备外壳接合面应紧固严密，密封垫圈完好，转动轴与轴孔间的防尘密封应严密。透明件应无裂损。

2）设备安装应牢固，接线正确，接触良好，通风孔道不得堵塞，电气间隙和爬电距离应符合设备的技术要求。

3）设备安装时，不得损伤外壳和进线装置的完整及密封性能。

4）设备的表面最高温度应符合相关规定。

5）设备安装后，应按产品技术要求做好保护装置的调整和试操作。

4. 火灾危险环境的电气装置安装要求

1）火灾危险环境采用的电气设备类型，应符合设计要求，且设备的外壳应完好，螺栓紧固，密封良好，无裂纹无锈蚀，同时铭牌上的文字应清晰。

2）装有电气设备的箱盒等，均应采用金属制品；电气开关和正常运行产生电火花或外壳表面温度较高的电气设备，应远离可燃物的存放地点，其最小距离不应小于3m。

3）火灾危险环境内，不宜使用电热器。生产要求必须使用时，应将其安装在非燃材料的底板上，并装设防护罩。必要时应由人看管。

4）移动式和携带式照明灯具的玻璃罩，应采用金属网保护。

5）露天安装的变压器或配电装置的外廓距火灾危险环境建筑物的外墙，不宜小于10m。当小于10m时，应符合下列要求：

① 火灾危险环境建筑物靠变压器或配电装置一侧的墙应为非燃烧体。

② 在高出变压器或配电装置高度3m的水平线上或距变压器、配电装置外廓3m以外的墙壁上，可安装非燃烧的镶有铁丝玻璃的固定窗。

6）火灾危险环境电气设计中采用的电气设备的防护等级应与实际环境条件相符。

第四章　具有微机控制保护装置的控制/开关柜典型线路及制作要点

在第三章我们详细地讲述了电动机频敏变阻起动柜制作的全过程，讲述了低压柜、新型电气控制柜、仪表控制柜、高压柜的制作要点。笼统地讲它们的制作过程、工艺程序是相同的，不同的是制作标准及要求不同、设备元件及接线方式不同、试验标准及方法不同，特别是在控制、检测、继电保护及其二次回路上有着很大的不同，这也正是开关柜、控制柜的中心技术，也正是难点，也是精髓，也正是电气工程技术人员应该掌握的核心技术。

随着电工技术、计算机技术、自动控制技术、检测技术的发展和普及，新型控制柜、开关柜典型的微机应用技术及电路层出不穷。为了便于读者学习并将其应用到控制柜、开关柜制造中去以适应科技进步及电工技术的发展形势，这里将介绍几种典型电路，以供参考。读者可在第三章内容的基础上将其模拟化、制作化，画出具体的接线图，模拟进行配制二次回路，为提高制作技术能力、为今后发展奠定基础。

一、微机控制保护装置的控制/开关柜制作要点

微机控制保护装置的控制/开关柜制作中柜体制作与前述基本相同；不同的是元器件布置，且有较大区别，具体见图 4-1 ~ 图 4-4。

二、PMC 系列微机控制保护装置在控制/开关柜中的应用

PMC 系列微机控制保护装置在电力继电保护、电能计量、监控系统、智能建筑、智能电力监控、变配电所综合自动化、电动机智能保护控制中有着非常广泛的应用，极大地加速了控制柜、开关柜的智能化。下面将举例说明 PMC 系列典型产品在控制柜、开关柜中的应用。

（一）PMC-59Ⅳ 多回路监控装置

1）PMC-59IV 提供多回路测量参数监测，有 3 路电压输入（V1 ~ V3），9 路电流输入（I1 ~ I9），同时可选配开关量（DI）点。9 路电流输入既可接入 3 个三相回路，也可任意接入 9 个不同的单相回路，即同时为 9 个回路提供单相监控和计量。

2）开关量输入（DI，可选）：装置可选配 9 路开关量输入，DI1 ~ DI9，用于监测外部无源接点的状态。装置面板上可以显示 DI 相应的状态。

3）PMC-59IV 接收电流互感器 TA 直接引入的电流信号，电源则是直接引入低压母线上的三相电源，给使用、装配、调试带来了极大的方便。

4）PMC-59IV 可应用在智能建筑电能管理系统、ZJ 电力监控系统、变电所综合自动化系统、电厂厂用电系统等多个被监控系统。

5）PMC-59IV 的接线如图 4-5 和图 4-6 所示。

6）PMC-59IV 端子板如图 4-7 所示，外形及安装开孔尺寸如图 4-8 所示。

（二）PMC-6510 保护测控装置

PMC-6510 保护测控装置有多项保护测控功能，主要有：三段式电流保护（带复压、方向元件）、反时限过电流保护、零序过电流（带方向）保护、电动机过热保护、起动时间过长保护、堵转保护、过负载保护、充电保护、负序过电流保护、过电压保护、欠电压保护、

序号	符号	名称	型号	数量	备注
1	16n	微机线路保护装置	BHE-316	4	
2	26n	微机电容器保护装置	BHE-326	1	
3	QK	转换开关	LW12-16D/49.4021.3	6	
4	HD	红灯（合位）	AD/11/220V	6	
5	LD	绿灯（跳位）	AD/11/220V	6	
6	UD	储能指示灯（黄灯）	AD/11/220V	6	
7	BL1~BL4	避雷器		4	
8		装置电源断路器	S282UC-C3	6	
9		控制电源断路器	S282UC-C6	6	
10	ZKK	电压断路器	S283UC-C1	6	
11		压板	JY1-2	16	

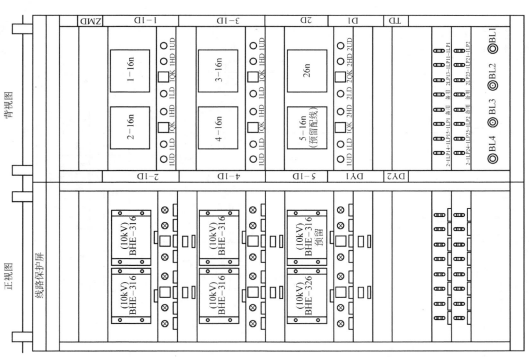

图4-1　10kV线路保护屏屏面布置图

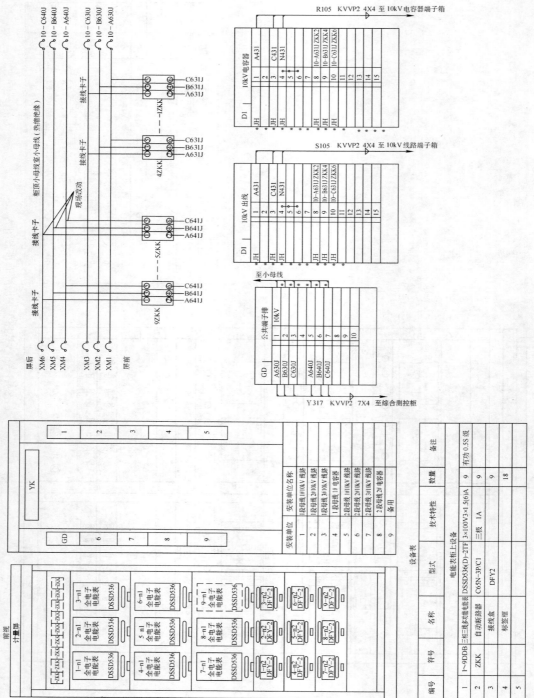

图 4-2　10kV 电能表屏屏面布置图

序号	符号	名称	型号	数量	备注
1	16n	微机线路保护装置	BHE-316	2	
2	46n	微机备自投保护装置	BHE-346	2	
3	QK	转换开关	LW12-16D/49.4021.3	6	
4	HD	红灯(合位)	AD/11/220V	6	
5	LD	绿灯(跳位)	AD/11/220V	6	
6	UD	储能指示灯(黄灯)	AD/11/220V	6	
7	BK	闭锁开关	HZ-10-10/1	2	
8	BL1~BL4	避雷器		4	
9		装置电源断路器	S28UC-C3	6	
10		控制电源断路器	S28UC-C6	6	
11	ZKK	电压断路器	S283UC-C1	4	
12		压板	JY1-2	24	

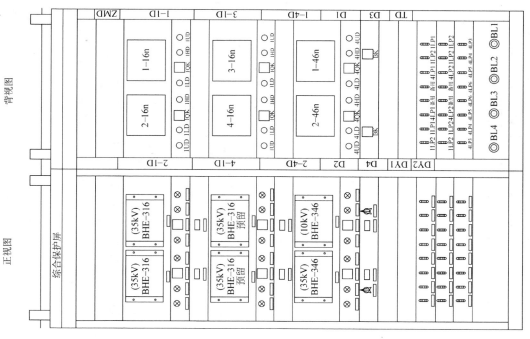

图 4-3　35kV 综合保护屏屏面布置图

序号	符号	名称	型号	数量	备注
1	85n	微机变压器主保护装置	BHE-385	1	
2	75n	微机变压器后备保护装置	BHE-375	1	
3	62n	微机综合测控装置	BHE-362	1	直流
4	92n	三相操作箱	BHE-392	1	直流
5	YW	温度数字显示仪表	XMT-1	1	
6	QK	转换开关	LW12-16D/49.4021.3	2	
7	HD	红灯（合位）	AD11/220V	2	
8	LD	绿灯（跳位）	AD11/220V	2	
9	UD	储能指示灯（黄灯）	AD11/220V	2	
10	BL1~BL4	避雷器		4	
11		装置电源断路器	S282UC-C3	3	
12	ZKK	控制电源断路器	S282UC-C6	3	
13		1U压断路器	S283UC-C1	2	
14		压板	JY1-2	16	
15	YKBJ,SDBJ	继电器	DZ619-2H2D-220V	2	直流

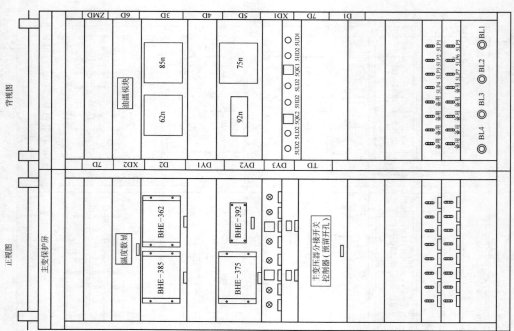

图4-4　主变压器保护屏屏面布置图

电容器差压保护、TV 断线、系统绝缘监视、外部联跳、低周减载、跳闸回路监视、开关量保护、电动机起动时速断定值加倍等功能，还具有连续故障录波、224 个事件记录等功能。

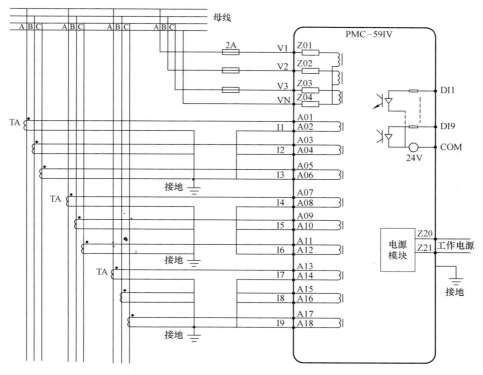

图 4-5　PMC-59Ⅳ接入 3 个三相回路接线图

1）开关量输入（IN）：装置具有 10 路开关量输入，用于检测外部接点状态。标配的 PMC-6510 使用 220V 直流外激电源，用遥信点检测。

2）继电器输出（OUT）：装置内部有 6 个继电器，端子排标记为 OUT1～OUT6，出口接点可以进行定义。全部输出均为干接点形式。

装置有告警继电器，输出为常闭干接点，即当装置正常时，"报警"输出接点打开，装置不正常或失电时，"报警"输出接点闭合。

3）通信接口：PMC-6510 配置了 2 个 RS-485 通信接口，采用多种标准通信规约，可适应多种波特率通信。装置可以接入各种电力监控网络中，实现遥测、遥信、遥控以及事件记录、故障记录、装置自检信息和故障录波数据的远传。

4）PMC-6510 接收电流互感器 TA 直接引入的电流信号，接收电压互感器 TV 直接引入的电压信号，电源可由交流/直流 220V 直接引入，给装配调试带来极大方便。

5）PMC-6510 广泛适用于各种电压等级线路保护、电容器保护、出线变压器保护、电动机保护、分段母线保护等。

6）标准接线图如图 4-9 所示，端子板如图 4-10 所示，外形及安装开孔尺寸如图 4-11 所示。

（三）PMC-687A 电流差动保护装置

PMC-687A 具有差动速断保护、比率制动差动保护、差流越限报警、五次谐波报警、TA 断线监视、速断保护、限时速断保护、定时限电流和过电流保护、反时限过电流保护、过负

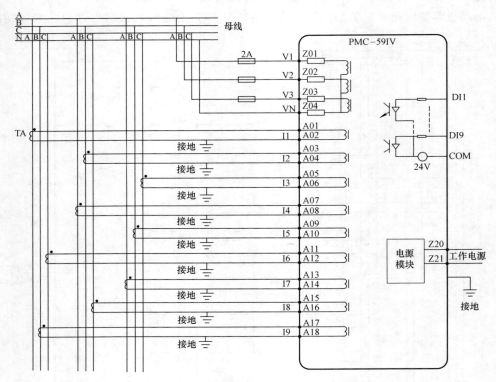

图 4-6　PMC-59IV 接入 9 个单相回路接线图

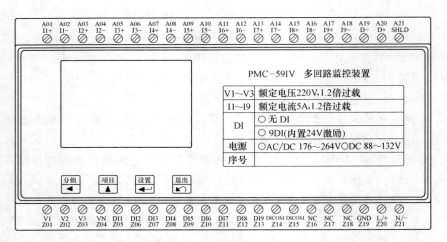

图 4-7　PMC-59IV 端子板图

荷保护等功能：适合于各种电压等级的双绕组变压器、电抗器、发电机、大型电动机以及其他双端电气设备的差动保护和电流保护装置。

1）开关量输入（IN）：装置具有 10 路开关量输入，用于检测外部接点的状态。

2）继电器输出（OUT）：装置内部有 6 路继电器，端子排标记为 OUT1 ~ OUT4 和遥分、遥合。OUT1 出口 ~ OUT4 出口可供保护配置。所有输出均为干接点形式。

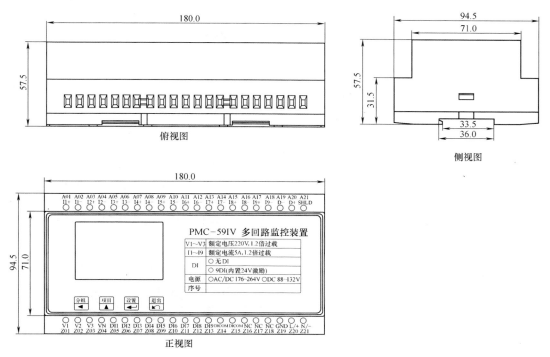

图 4-8　PMC-59IV 外形及安装开孔尺寸图

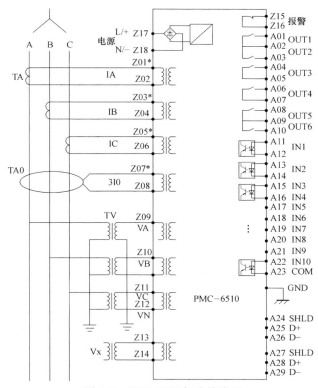

图 4-9　PMC-6510 标准接线图

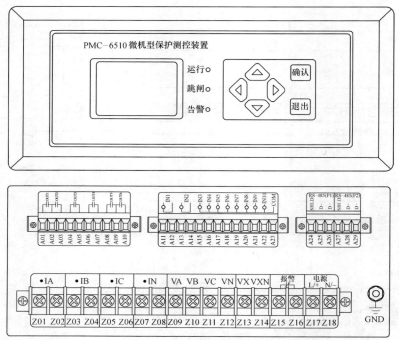

图 4-10　PMC-6510 端子板图

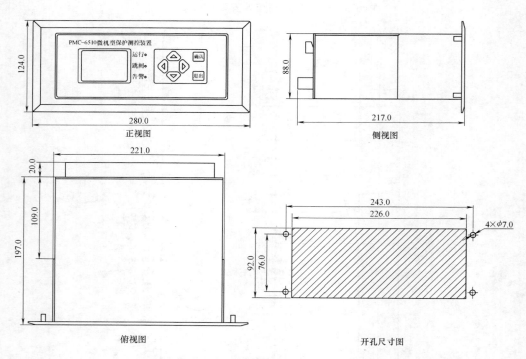

图 4-11　PMC-6510 外形及安装开孔尺寸图

　　装置另有一个告警继电器，端子排标记为"报警"，输出为动断干接点，即当装置正常运行时，"报警"输出接点打开，装置不正常或失电时，"报警"输出接点闭合。

3）PMC-687A 配置双 RS-485 通信接口，装置可以接入各种电力监控网络中，实现遥测、遥信以及事件记录和故障录波数据的远传。装置支持多种标准通信规约。

4）PMC-687A 接收电流互感器 TA 直接引入的设备一次和二次的电流信号，电源可由交流/直流 220V 电压直接引入，给装配调试带来极大方便。

5）PMC-687A 标准接线如图 4-12 所示，端子板如图 4-13 所示，外形及安装开孔尺寸如图 4-14 所示。

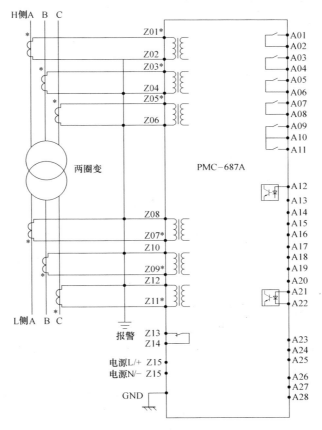

图 4-12　PMC-687A 标准接线图

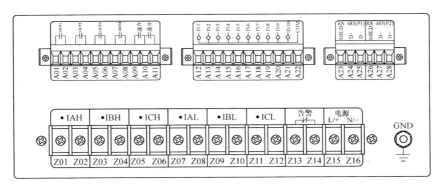

图 4-13　PMC-687A 端子板图

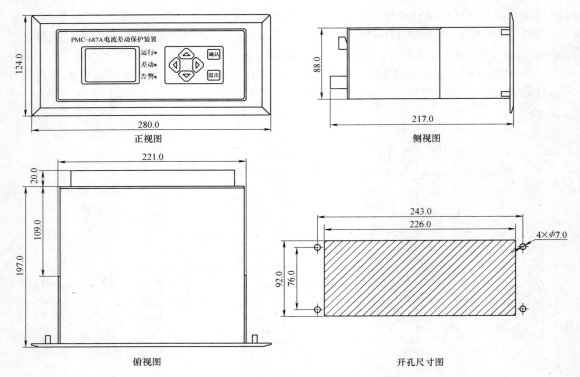

图 4-14　PMC-687A 外形及安装开孔尺寸图

（四）PMC-651T 变压器保护测控装置

PMC-651T 具有瞬时电流速断保护、复压限时电流速断保护、复压定时限电流和过电流保护、反时限电流和过电流保护、过负荷保护、负序过电流保护、零序过电流保护、低压侧零序过电流保护、绝缘监视、TV 断线及控制回路监视等功能。

1）开关量输入（IN）：装置具有 16 路开关量输入，用于检测外部接点的状态。其中部分开关量已经定义，其输入端子定义不能改变。

2）继电器输出（OUT）：装置共有 9 个继电器出口，其中 6 个已经定义，出口分别为启动出口、保护跳闸、遥控跳闸、遥控合闸、装置异常告警、联跳出口（不受 CPU 控制）；其余 3 个自由配置的出口端子为 OUT1 ～ OUT3，其中 OUT1 为动合触点（可选动断触点）。

遥控由启动继电器、遥跳继电器、遥合继电器联合执行。控制操作板有直流和交流之分，用户可根据操作电源选用。

3）模拟量输入（AI）：装置可选配 1 路 AI，AI 为非隔离 4 ～ 20mA 的直流输入。

4）模拟量输出（AO）：装置可选配 1 路 AO，AO 为非隔离 4 ～ 20mA 的直流电流输出，相当于一个常规电量变送器。

5）通信接口：PMC-651T 配置多种通信接口，可以接入各种电力监控网络中，实现遥测、遥信以及事件记录、故障记录、装置自检信息和故障录波数据的远传。装置支持各种标准通信规约。

① RS-485 通信接口：同时提供 2 路通信接口，支持一主一备方式。

② RS-232 通信接口：1 路，采用 RS-232PC 口 9 针连接头作为装置维护和软件版本升级用。

③ 以太网通信接口：2 路，10/100Base-T Ethernet，为选配功能。

6）电量测量：

① 电压：Ua、Ub、Uc、UInavg、Uab、Ubc、Uca、UIIavg。

② 电流：Ia、Ib、Ic、Iavg。

③ 有功功率：kWa、kWb、kWc、总 kW。

④ 无功功率：kvara、kvarb、kvarc、总 kvar。

⑤ 视在功率：kVAa、kVAb、kVAc、总 kVA。

⑥ 功率因数：PFa、PFb、PFc、总 PF。

⑦ 零序电流：IN。

7）电能计量：PMC-651T 可提供有功、无功电能计量。电能计量标称电流 5A、电压 100V，启动电流小于 5mA、潜动无输出，输出为一次电能值，数据刷新时间小于 1s，掉电不丢失。

8）PMC-651T 直接接收电流互感器 TA 的电流信号和电压互感器 TV 的电压信号，电源可由交流/直流 220V 电压直接引入。

9）PMC-651T 接线如图 4-15 所示，端子板如图 4-16 所示，外形及安装开孔尺寸如图 4-17 所示。

（五）PMC-651M 电动机保护测控装置

PMC-651M 具有起动时间过长、瞬时电流速断保护、定时限电流和过电流保护、反时限电流和过电流保护、过负荷保护、过热保护、负序过电流保护、堵转保护、负荷丢失保护、缺相保护、零序过电流保护、过电压保护、欠电压保护、绝缘监视、TV 断线及控制回路监视等功能。

1）开关量输入（IN）：装置具有 16 路开关量输入，用于检测外部接点的状态。其中部分开关量已经定义，其输入端子定义不能改变。

2）继电器输出（OUT）：装置共有 9 个继电器出口，其中 6 个已经定义，出口分别为启动出口、保护跳闸、遥控跳闸、遥控合闸、装置异常告警、联跳出口（不受 CPU 控制）；其余 3 个自由配置的出口为 OUT1 ~ OUT3，其中 OUT1 为动断触点输出（可选动合触点）。

遥控由启动继电器、遥跳继电器、遥合继电器联合执行。控制操作板有直流和交流之分，用户可根据操作电源选用。

3）模拟量输入（AI）：装置可选配 1 路 AI，AI 为非隔离 4 ~ 20mA 的直流电流输入。

4）模拟量输出（AO）：装置可选配 1 路 AO，AO 为非隔离 4 ~ 20mA 的直流电流输出，相当于一个常规电量变送器。

5）通信接口：PMC-651M 配置多种通信接口，可以接入各种电力监控网络中，实现遥测、遥信以及事件记录、故障记录、装置自检信息和故障录波数据的远传。装置支持各种标准通信规约。

① RS-485 通信接口：同时提供 2 路通信接口，支持一主一备方式。

② RS-232 通信接口：1 路，采用 RS-232PC 口 9 针连接头，作为装置维护和软件版本升

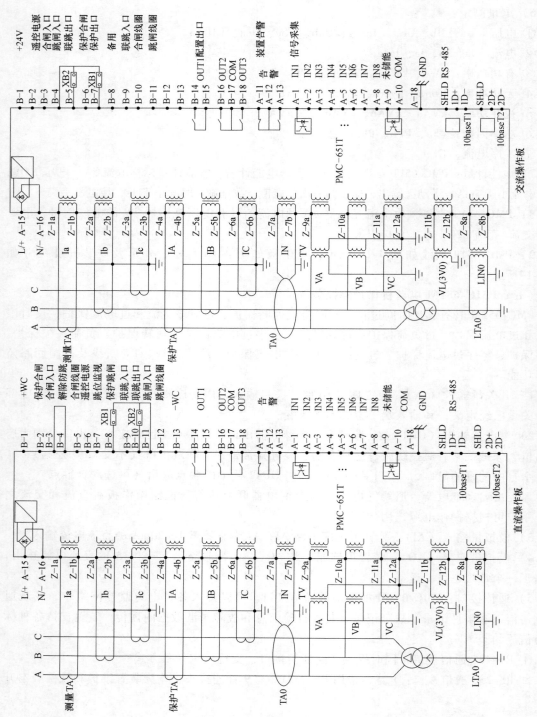

图 4-15　PMC-651T 变压器保护测控装置接线图

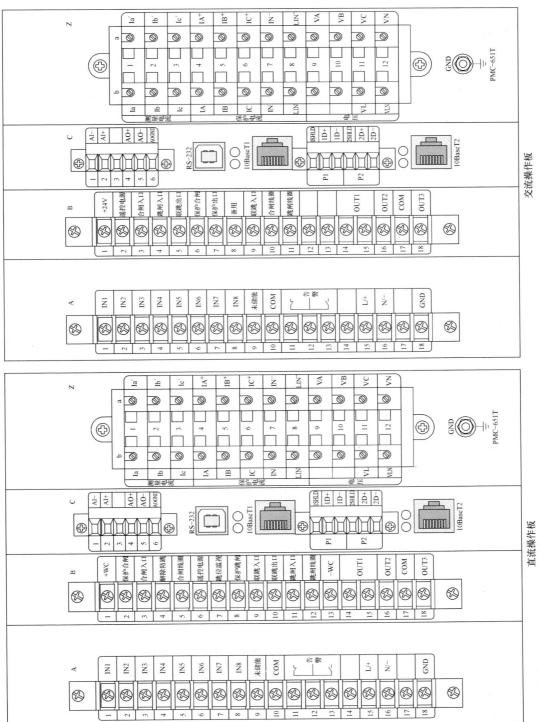

图 4-16 PMC-651T 变压器保护测控装置端子板图

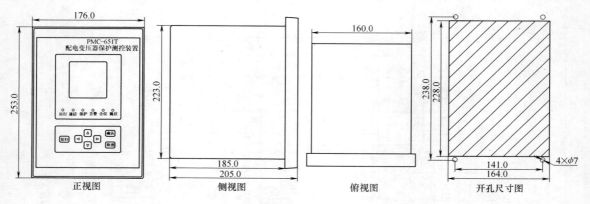

图 4-17　PMC-651T 变压器保护测控装置外形及安装开孔尺寸图

级用。

③ 以太网通信接口：2 路，10/100Base-T 以太网，为选配功能。

6）电量测量：

① 电压：Ua、Ub、Uc、UInavg、Uab、Ubc、Uca、UIIavg。

② 电流：Ia、Ib、Ic、Iavg。

③ 有功功率：kWa、kWb、kWc、总 kW。

④ 无功功率：kvara、kvarb、kvarc、总 kvar。

⑤ 视在功率：kVAa、kVAb、kVAc、总 kVA。

⑥ 功率因数：PFa、PFb、PFc、总 PF。

⑦ 零序电流：IN。

7）电能计量：PMC-651M 可提供有功、无功电能计量。电能计量标称电流 5A、电压 100V，启动电流小于 5mA、潜动无输出，输出为一次电能值，数据刷新时间小于 1s，掉电不丢失。

8）PMC-651M 直接接收电流互感器 TA 和电压互感器 TV 的电流信号，电源可由交流/直流 200V 电压直接引入。

9）PMC-651M 接线如图 4-18 所示，端子板如图 4-19 所示，外形及安装开孔尺寸如图 4-20 所示。

（六）PMC 系列微机控制保护装置在配电柜、开关柜中的应用实例

PMC 系列微机控制保护装置广泛应用在高低压配电系统，每个回路即为该回路配电柜、开关柜主回路，这些回路中 PMC 系列微机控制保护装置的作用功能标注的非常清楚，代替了复杂的继电器继电保护装置，并将全部信号由总线引入 PMC-1380A 通信管理机中去，由监控主机监控。下面节选几种典型高低压配电系统，供读者在制作配电柜、开关柜时参考。

1. 装设 PMC 高压配电系统图例（一）

该线路每个回路装设 PMC 装置两台，其中 PMC-6510 作为保护装置，另一台 PMC-580 或 PMC-630 作为监控装置。PMC 高压配电系统图例（一）装设说明见表 4-1，PMC 高压配电系统图例（一）功能说明见表 4-2，配电系统图例（一）如图 4-21 所示。

2. 装设 PMC 高压配电系统图例（二）

该系统每个回路装设 PMC 一台（PMC-651）作为保护监控装置，PMC 高压配电系统图例（二）装设说明见表 4-3，PMC 高压配电系统图例（二）功能说明见表 4-4，配电系统图

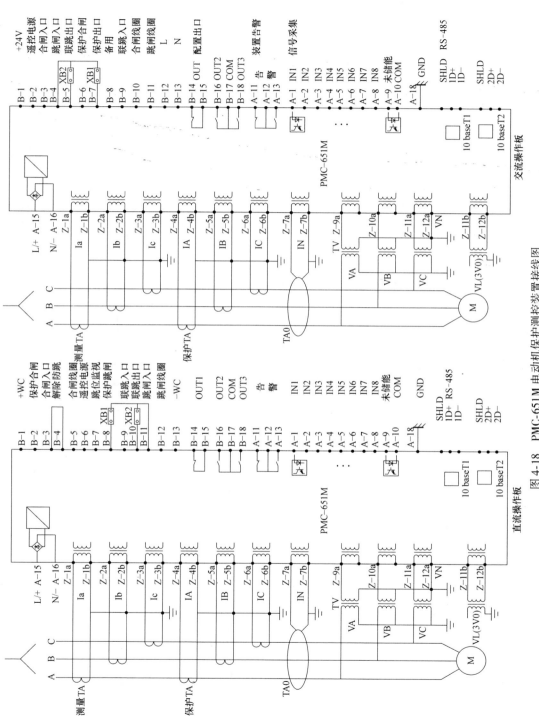

图 4-18 PMC-651M 电动机保护测控装置接线图

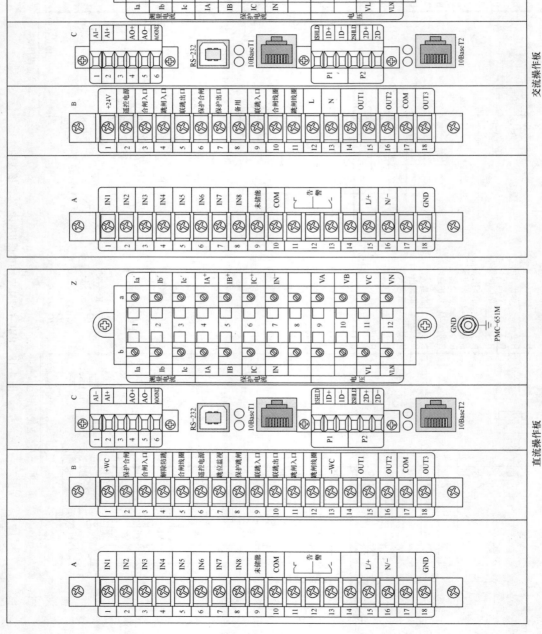

图 4-19　PMC-651M 电动机保护测控装置端子板图

例（二）如图4-22所示。

表4-1　高压配电系统图例（一）装设说明

方案	回路	配置	备注
高压配电系统图例（一）	高压进线	监控装置：PMC-580A、PMC-580B、PMC-580C 保护装置：PMC-6510	1. 高压进线选配高端电能质量监控装置 PMC-580 系列 2. 保护装置和监控装置分开配置
	高压母联	监控装置：PMC-630A 保护装置：PMC-6510	
	高压馈线	监控装置：PMC-630A 保护装置：PMC-6510	

表4-2　高压配电系统图例（一）功能说明

名称		功　能
保护装置	PMC-6510	三段式电流保护、反时限电流和过电流保护、零序过电流（带方向）保护、电动机过热保护、起动时间过长保护、堵转保护、过负荷保护、充电保护、负序过电流保护、过电压保护、欠电压保护、电容器差压保护、TV 断线、系统绝缘监视、外部联跳、连续故障录波、224 个事件记录。2 个 RS-485 接口/支持多种通信协议
监控装置	PMC-580A PMC-580B PMC-580C	三相全电量测量,63 次谐波监测、波形的瞬态捕捉、最高配置每周波采样 1024 点、每半周波数据刷新一次、闪变分析、谐波分析、波形采样与电压上冲/下陷记录、三相不平衡度监测、事件记录、测量控制等电能质量监视功能，多 DI/DO,RS-485 接口、以太网口/支持多种通信协议
	PMC-630A	三相全电量测量、31 次谐波分析、三相不平衡度监测、漏电流保护、越限跳闸、64 个事件记录、6DI、2DO/4DO、1AI、1AO、2 接点电能脉冲输出、RS-485 接口、Profibus-DP 口、以太网口/支持多种通信协议

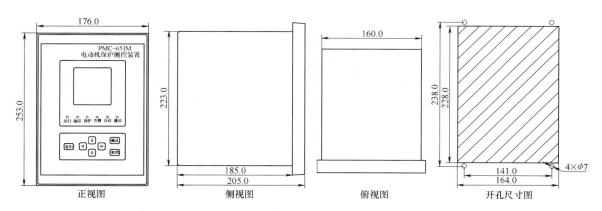

图 4-20　PMC-651M 电动机保护测控装置外形及安装开孔尺寸图

表4-3　高压配电系统图例（二）装设说明

方案	回路	配置	备注
高压配电系统图例（二）	高压进线	保护监控装置：PMC-651F	采用保护和监控装置一体化装置
	高压母联	保护监控装置：PMC-651D	
	高压变压器回路	保护监控装置：PMC-651T	

3. 装设 PMC 低压配电系统图例（一）

　　该系统是按回路的用途不同而装设不同功能的 PMC 低压配电系统，PMC 低压配电系统图例（一）装设说明见表4-5，PMC 低压配电系统图例（一）功能说明见表4-6，低压配电系统图例（一）如图4-23所示。

表 4-4　高压配电系统图例（二）功能说明

名称	功　　能
PMC-651F	瞬时电流速断电流和保护、复压（方向）限时电流速断保护、复压（方向）定时限电流和过电流保护、相电流加速保护、反时限电流和过电流保护、过负荷保护、零序过电流保护、重合闸、低周减载、绝缘监视、TV 断线及控制回路监视、三相全电量测量、电能计量、故障录波、谐波畸变分析、事件记录等功能。具有 RS-232 接口、RS-485 接口和以太网口/支持多种通信协议
PMC-651D	充电保护、限时电流速断保护、定时限电流和过电流保护、过负荷保护、Ⅰ 段母线过电压保护、Ⅰ 段母线欠电压保护、Ⅱ 段母线过电压保护、Ⅱ 段母线欠电压保护、Ⅰ 段绝缘监视、Ⅱ 段绝缘监视、Ⅰ 段 TV 断线监视、Ⅱ 段 TV 断线监视、控制回路监视测量、两段母线电压测量、分段开关三相电流测量、Ⅰ 段母线频率测量、有功功率测量、故障录波、谐波畸变分析、事件记录等功能。RS-232 接口、双 RS-485 接口和以太网口/支持多种通信协议
PMC-651T	瞬时电流速断保护、复压限时电流速断保护、复压定时限电流和过电流保护、反时限电流和过电流保护、过负荷保护、负序过电流保护、零序过电流保护、低压侧零序过电流保护、绝缘监视、TV 继线及控制回路监视、三相全电量测量、电能计量、故障录波、谐波畸变分析、事件记录等功能。RS-232 接口、双 RS-485 接口和以太网口/支持多种通信协议

表 4-5　低压配电系统图例（一）装设说明

方案	回路		配置	备注
低压配电系统图例（一）（通用型）	主变低压进线		监控装置：PMC-580A、PMC-580B PMC-580C	1. 对电能质量比较敏感的低压回路（如工艺变压器、UPS 主开关、精密设备等）可配 PMC-580A、PMC-580B、PMC-580C 2. 装置按照每一回路一一对应原则，即每一回路对应一台监控装置
	电容器、母联、市电发电机切换，发电机低压进线		监控装置：PMC-630A	
	馈线	三相回路	监控装置：PMC-630A、PMC-530A	
		单相回路	监控装置：PMC-51M	

表 4-6　PMC 低压配电系统图例（一）功能说明

名称	功　　能
PMC-580A PMC-580B PMC-580C	三相全电量测量、63 次谐波监测、波形的瞬态捕捉、最高配置每周波采样 1024 点、每半周波数据刷新一次、闪变分析、谐波分析、波形采样与电压上冲/下陷记录、三相不平衡度监测、事件记录、测量控制等电能质量监视功能，多 DI/DO，RS-485 接口、以太网口/支持多种通信协议
PMC-630A	三相全电量测量、31 次谐波分析、三相不平衡度监测、漏电流保护、越限跳闸、64 个事件记录，6DI、2DO/4DO、1AI、1AO，两接点电能脉冲输出，RS-485 接口、Profibus-DP 口、以太网口/支持多种通信协议
PMC-530A	三相全电量测量、31 次谐波分析、三相不平衡度监测、越限跳闸，4DI、2DO/4DO、1AO，两接点电能脉冲输出，RS-485 接口、Profibus-DP 口/支持多种通信协议
PMC-51M	单相全电量测量，2DI、2DO、1AO，RS-485 接口/支持多种通信协议

4. 装设 PMC 低压配电系统图例（二）

该系统装设 PMC 低压配电系统图例（二）更趋向于功能化，其装设说明见表 4-7，PMC低压配电系统图例（二）功能说明见表 4-8，低压配电系统图例（二）如图 4-24 所示。

表 4-7　低压配电系统图例（二）装设说明

方案	回路			配置	备注
低压配电系统图例（二）（经济型）	主变低压进线			监控装置：PMC-630B、PMC-630C	1. PMC-51I，PMC-53I 如需开关量采集可与 PMC-518D 配合，该装置采集 18 个开关量输入状态 2. 装置按照每一回路一一对应原则，即每一回路对应一台监控装置
	电容器、母联、市电发电机切换，发电机低压进线			监控装置：PMC-630A、PMC-530A	
	馈线	三相回路	重要	监控装置：PMC-630A、PMC-530A	
			一般	监控装置：PMC-53I	
		单相回路	重要	监控装置：PMC-51M	
			一般	监控装置：PMC-51I	

表 4-8 PMC 低压配电系统图例（二）功能说明

名称	功 能
PMC-630C	三相全电量测量,31 次谐波分析、三相电流/电压不平衡、漏电流保护、定时记录、分时计费、波形的瞬态捕捉、波形采样,6DI、2DO/4DO、1AI、1AO,两接点电能脉冲输出,RS-485 接口、以太网口/支持多种通信协议
PMC-630B	三相全电量测量,31 次谐波分析、三相电流/电压不平衡、漏电流保护、定时记录、分时计费,6DI、2DO/4DO、1AI、1AO,两接点电能脉冲输出,RS-485 接口、以太网口/支持多种通信协议
PMC-630A	三相全电量测量,31 次谐波分析、三相不平衡度监测、漏电流保护、越限跳闸、64 个事件记录,6DI、2DO/4DO、1AI、1AO,两接点电能脉冲输出,RS-485 接口、Profibus-DP 口、以太网口/支持多种通信协议
PMC-530A	三相全电量测量,31 次谐波分析、三相不平衡度监测、越限跳闸、64 个事件记录,4DI、2DO/4DO、1AO,两接点电能脉冲输出,RS-485 接口、Profibus-DP 口/支持多种通信协议
PMC-53I	三相电流测量,16 个事件记录,2DI、2DO,RS-485 接口/支持多种通信协议
PMC-51M	单相全电量测量,2DI、2DO、1AO,RS-485 接口/支持多种通信协议
PMC-51I	单相电流测量,2DI、2DO、1AO,RS-485 接口/支持多种通信协议

5. 装设 PMC 低压配电系统图例（三）

该系统装设 PMC 低压配电系统图例（三）较前两图简单,其装设说明见表 4-9,PMC 低压配电系统图例（三）功能说明见表 4-10,低压配电系统图例（三）如图 4-25 所示。

表 4-9 低压配电系统图例（三）装设说明

方案	回路		配置	备注
低压配电系统图例（三）（简单型）	主变低压进线 电容器、母联、市电发电机切换、发电机低压进线		监控装置:PMC-630A PMC-530A	1. PMC-510A、PMC-59IV 如需开关量采集可与 PMC-518D 配合,该装置采集 18 个开关量输入状态 2. 单台装置可监控多条回路,根据需要灵活组合
	馈线	三相回路 重要	监控装置:PMC-510A	
		三相回路 一般	监控装置:PMC-59IV	
		单相回路	监控装置:PMC-59IV	

表 4-10 PMC 低压配电系统图例（三）功能说明

名称	功 能
PMC-630A	三相全电量测量,31 次谐波分析、三相不平衡度监测、漏电流保护、越限跳闸、64 个事件记录,6DI、2DO/4DO、1AI、1AO,两接点电能脉冲输出,RS-485 接口、Profibus-DP 口、以太网口/支持多种通信协议
PMC-530A	三相全电量测量,31 次谐波分析、三相不平衡度监测、越限跳闸、64 个事件记录,4DI、2DO/4DO、1AO,两接点电能脉冲输出,RS-485 接口、Profibus-DP 口/支持多种通信协议
PMC-510A	三相全电量测量,31 次谐波分析、64 个事件记录,RS-485 接口/支持多种通信协议
PMC-59IV	采集 9 个电流信号、母排电压、越限跳闸、64 个事件记录,9DI,RS485 接口/支持多种通信协议
PMC-518D	18DI、6DO、2AI,24 个事件记录,RS-485 接口/支持多种通信协议

参 考 文 献

[1] 天津电气传动设计研究所. 电气传动自动化技术手册 [M]. 2 版. 北京：机械工业出版社，2006.

[2] 韩天行. 微机型继电保护及自动化装置检验调试手册 [M]. 北京：机械工业出版社，2004.

[3] 而师玛乃·花铁森. 建筑弱电工程安装施工手册 [M]. 北京：中国建筑工业出版社，1999.

[4] 电梯工程监理手册编写组. 电梯工程监理手册 [M]. 北京：机械工业出版社，2007

[5] 余洪明，章克强. 软起动器实用手册 [M]. 北京：机械工业出版社，2006.

[6] 宫靖远，贺德馨，孙如林，等. 风电场工程技术手册 [M]. 北京：机械工业出版社，2005.

[7] 电力工程监理手册编写组. 电力工程监理手册 [M]. 北京：机械工业出版社，2006.

[8] 河北省 98 系列建筑标准设计图集 [M]. 北京：中国计划出版社，1998.

[9] 王建华. 电气工程师手册 [M]. 3 版. 北京：机械工业出版社，2007.

[10] 机械电子工业部天津电气传动设计研究所. 电气传动自动化技术手册 [M]. 北京：机械工业出版社，1992.

[11] 陕西省建筑工程局《安装电工》编写组. 安装电工 [M]. 北京：中国建筑工业出版社，1974.

[12] 电工手册编写组. 电工手册 [M]. 上海：上海人民出版社，1973.

[13] 第二冶金建设公司. 冶金电气调整手册 [M]. 北京：冶金工业出版社，1975.

[14] 湘潭电机制造学校. 电力拖动自动控制：上册 [M]. 北京：机械工业出版社，1979.

[15] 潘品英，等. 电动机修理 [M]. 上海：上海人民出版社，1970.

[16] 阮通. 10～110kV 线路施工 [M]. 北京：水利电力出版社，1983.

[17] 潘雪荣. 高压送电线路杆塔施工 [M]. 北京：水利电力出版社，1984.

[18] 李柏. 送电线路施工测量 [M]. 北京：水利电力出版社，1983.

[19] 农村电工手册编写组. 农村电工手册 [M]. 北京：水利电力出版社，1974.

[20] 车导明，等. 中小型发电厂和变电所电气设备的测试 [M]. 北京：水利电力出版社，1986.

[21] 庞骏骐. 电力变压器安装 [M]. 北京：水利电力出版社，1975.

[22] 庞骏骐. 高压开关设备安装 [M]. 北京：水利电力出版社，1979.

[23] 杜玉清，等. 送电工人施工手册 [M]. 北京：水利电力出版社，1987.

[24] 工厂常用电气设备手册编写组. 工厂常用电气设备手册 [M]. 北京：水利电力出版社，1984.

[25] 建筑电气设备手册编写组. 建筑电气设备手册 [M]. 北京：中国建筑工业出版社，1986.

[26] 冶金工业部自动化研究所. 大型电机的安装与维修 [M]. 北京：冶金工业出版社，1978.

[27] 张学华，等. 小型供热发电机组的安装、调试和运行 [M]. 北京：水利电力出版社，1990.

[28] 叶江祺，等. 热工仪表和控制设备的安装 [M]. 北京：水利电力出版社，1983.

[29] 航空工业部第四规划设计研究院，等. 工厂配电设计手册 [M]. 北京：水利电力出版社，1983.

[30] 牛宝元. 怎样安装与保养电梯 [M]. 北京：中国建筑工业出版社，1983.

[31] 丁明往，等. 高层建筑电气工程 [M]. 北京：水利电力出版社，1988.

[32] 陈一才. 高层建筑电气设计手册 [M]. 北京：中国建筑工业出版社，1990.

[33] 吴名江，等. 共用天线电视 [M]. 北京：电子工业出版社，1985.

[34] 刘介才. 工厂供电 [M]. 北京：机械工业出版社，1995.

[35] 化学工业部劳资司，等. 电气试验工 [M]. 北京：化学工业出版社，1990.

[36] 吕光大. 电气安装工程图集 [M]. 北京：水利电力出版社，1987.